CATALOGUS FOSSILIUM AUSTRIAE

Ein systematisches Verzeichnis aller auf österreichischem Gebiet
festgestellten Fossilien

In Einzeldarstellungen herausgegeben
von der
Österreichischen Akademie der Wissenschaften
unter Mitarbeit von Fachpaläontologen

Schriftleitung
w. M. o. Prof. Dr. Dr. h. c. **Othmar Kühn** †

Heft Vc:
Conodontophorida
von
G. Flajs, Bonn, und **H. W. Flügel,** Graz

Wien 1969

In Kommission bei Springer-Verlag Wien/New York
Druck: Christoph Reisser's Söhne AG, Wien V

ISBN 978-3-211-86371-8   ISBN 978-3-7091-5511-0 (eBook)
DOI 10.1007.978-3-7091-5511-0

Conodontophorida

Von G. FLAJS, Bonn, und H. W. FLÜGEL, Graz

Vorwort

Den großen stratigraphischen Wert der Conodonten beweist die Tatsache, daß bis heute bereits in über 50 Publikationen Conodontenfunde in Österreich gemeldet wurden, wobei die älteste dieser Arbeiten aus dem Jahre 1956 (!) stammt. Der Grund für dieses rasche Anwachsen unserer Kenntnis liegt darin, daß Conodonten nicht nur in zahlreichen bisher als fossilleer betrachteten altpaläozoischen Kalken der Ostalpen eine Gliederung ermöglichten, sondern auch erfolgreich dort zur Lösung feinstratigraphischer Probleme beitrugen, wo es bisher mit Hilfe der oft schlecht erhaltenen und spärlichen Makrofauna nicht möglich war.

Die ersten Funde machte HABERFELNER 1931 in Lyditen der Karnischen Alpen. Er hielt sie jedoch für Graptolithen und beschrieb sie unter dem Namen *Rastrites geyeri* n. sp. (vgl. Catalogus Fossilium Austriae, Vd, 1966, S. 67). Bereits PRIBYL 1941 vermutete in ihnen Conodonten, von denen HERITSCH 1943 annahm, daß es sich um unterkarbone Formen handeln könnte. Diese Ansichten wurden von ZIEGLER (in FLÜGEL, GRÄF & ZIEGLER 1959) bestätigt, was letztlich zur Erkenntnis einer oberdevonischen/ unterkarbonen Lydit-Tonschiefer-Fazies in den Karnischen Alpen führte (H. FLÜGEL 1964.) Sie ist weitgehend altersgleich mit den schon lange bekannten und ebenfalls conodonten-führenden (K. J. MÜLLER 1956, 1959), oberdevonen bis unterkarbonen Cephalopodenkalken der Karnischen Alpen.

Gleichzeitig mit diesen Untersuchungen begann WALLISER 1957 die Bearbeitung der Conodonten des oberen Ordoviciums bis tiefen Devons der Karnischen Alpen. Sie führte 1962, 1964 zur Aufstellung einer Zonengliederung dieses Zeitraumes in 12 Conodontenzonen, deren Grenzen, wie H. FLÜGEL 1965a zeigte, weitgehend unabhängig von der Lithofazies sind. Die zeitliche Lücke zwischen diesen Faunen und denen des Ober-Devons wird heute durch zahlreiche Funde geschlossen, von denen erst ein Teil publiziert wurde (WALLISER in ERBEN, FLÜGEL & WALLISER 1962; HASLER in FLAJS, FLÜGEL & HASLER 1965; FLAJS & PÖLSLER 1966; PÖLSLER 1967), andere, wie die Faunen des Hohen Trieb, Findenig, Polinik usw., jedoch noch unveröffentlicht sind.

Erwähnung verdienen in diesem Zusammenhang auch mehrere Arbeiten der italienischen Kollegen in den Karnischen Alpen. Sie wurden jedoch in vorliegendem Katalog nicht aufgenommen, da die Faunen nicht aus österreichischem Staatsgebiet stammen.

Auffallend ist, daß bisher weder in den oberkarbonen noch in den permischen Schichten der Karnischen Alpen Conodonten gefunden wurden (vgl. BENDER & STOPPEL 1965).

1*

In der östlichen Fortsetzung der Karnischen Alpen konnte FLAJS (in H. FLÜGEL 1964) im Paläozoikum des Seeberger Aufbruches (Karawanken) u. a. erstmals das Auftreten von Ober-Devon mit Hilfe von Conodonten nachweisen, während es SCHULZE 1964 bzw. SCHULZE in SCHÖNENBERG 1965 gelang, hier auch Kalke der *woschmidti*-Zone (Unter-Devon) bzw. der *anchoralis*-Zone (Unter-Karbon) durch Conodontenfaunen zu belegen. 1962 setzte mit den Untersuchungen von STREHL im nördlichen Mittel-Kärnten die Stratifizierung der hier oft nur wenige Meter mächtigen Kalklinsen innerhalb einer weitgehend schiefrigen Folge mit Hilfe von Conodonten ein, wobei WALLISER in CLAR usw. 1963 in Klein St. Paul mehrere Zonen des Silurs bzw. Devons feststellen konnte, während KLEINSCHMIDT & WURM 1966 vom Ostrand der Saualpe tieferes Ludlow meldeten.

1964 konnten auch im Paläozoikum des Poßruck durch H. FLÜGEL Conodonten gefunden werden.

Im Grazer Paläozoikum gliederte ZIEGLER (in H. FLÜGEL & ZIEGLER 1957) bis dahin zur Gänze in das Ober-Devon gestellte Kalke in einen oberdevonischen und einen unterkarbonischen Anteil. KODSI 1967 zeigte, daß beide durch eine Schichtlücke voneinander getrennt sind, wobei er sich auf Vorarbeiten von KHOSROVI-SAID 1962 stützen konnte. Die exakte Festlegung der Unterkante des Ober-Devons gelang FLAJS 1966. WALLISER (in H. FLÜGEL 1961) konnte erstmals für das Grazer Paläozoikum das Ludlow nachweisen, was umso bedeutender war, als sich die bisherigen Versuche, mit Hilfe der Makrofauna, als Fehlschlag erwiesen hatten.

In der nördlichen Grauwackenzone klärte in mehreren Arbeiten FLAJS (in FLAJS, FLÜGEL & HASLER 1963, FLAJS 1964, FLAJS 1967a, b) die Stratigraphie des Eisenerzer Raumes und konnte damit die variszische Tektonik dieses Raumes beweisen. In der westlichen Grauwackenzone begann MOSTLER (1964, 1965a, 1965b, 1966a, b, c, 1967) mit den Untersuchungen, wobei er auffallenderweise bisher nur Silur und tieferes Devon nachweisen konnte, während FLAJS in der östlichen Grauwackenzone eine Folge von Ordovicium bis in das Ober-Devon durch Conodonten belegte.

Neben diesen Arbeiten im Paläozoikum liegen heute bereits zahlreiche Untersuchungen in der Trias vor, nachdem HUCKRIEDE (1955, 1958, 1959) zeigen konnte, daß die alpine Trias z. T. reich an Conodontenfaunen ist. Neben einigen Hinweisen (HUCKRIEDE in PILGER & SCHÖNENBERG 1958, KRISTAN-TOLLMANN 1960, TOLLMANN 1960, HIRSCH 1966) sind hier vor allem die Einstufung der „Pseudo-Hallstätter" Kalke durch H. FLÜGEL & PETAK 1964, die Bearbeitung der Fauna der Reiflinger Kalke durch GESSNER 1966, der Nachweis von Conodonten in den südalpinen Campiler Schichten der Karnischen Alpen durch H. FLÜGEL 1965 sowie die Bearbeitung der Fauna der Hallstätter Kalke des Siriuskogels durch E. FLÜGEL 1967 zu nennen. Neben diesen Arbeiten müssen noch die Untersuchungen von Geröllen verschiedener Konglomerate genannt werden, die die Einstufung zweier Moränenblöcke S-Kärntens, den Nachweis von Ludlow-Geröllen in der Kainacher Gosau (FLAJS & GRÄF 1966) und von Trias-Geröllen in den Konglomeraten der Gams bei Frohnleiten (H. FLÜGEL 1966), erbrachten.

Der vorliegende Katalog wurde mit Erscheinungs-Stichtag 31. 12. 1967 abgeschlossen. Nicht aufgenommen wurden in ihm Hinweise auf Funde außerhalb von Österreich (Ausnahme: Art-Typus) sowie Wiederholungen von älteren Literaturangaben (z. B. H. FLÜGEL 1961, S. 63, 81).

Literatur

(A) Allgemeine Conodonten-Arbeiten

BENDER, H. & C. W. KOCKEL: Die Conodonten der Griechischen Trias. — Prakt. Akad., **38**, S. 439—448, 1 Taf., Athen 1963.

BISCHOFF, G.: Oberdevonische Conodonten (to Iδ) aus dem Rheinischen Schiefergebirge. — Notizbl. Hess. Landesamt Bodenf., **84**, S. 115—137, Taf. 8—10, Wiesbaden 1956.
— Die Conodonten-Stratigraphie des rhenoherzynischen Unterkarbons mit Berücksichtigung der *Wocklumeria*-Stufe und der Devon-Karbon-Grenze. — Abh. Hess. Landesamt Bodenf., **19**, S. 1—64, Taf. 1—6, Wiesbaden 1957.

BISCHOFF, G. & D. SANNEMANN: Unterdevonische Conodonten aus dem Frankenwald. — Notizbl. Hess. Landesamt Bodenf. Notiz, **86**, S. 87—110, Taf. 12—15, Wiesbaden 1958.

BISCHOFF, G. & W. ZIEGLER: Das Alter der „Urfer Schichten" im Marburger Hinterland nach Conodonten. — Notizbl. Hess. Landesamt Bodenf., **84**, S. 138—168, Taf. 11—14, Wiesbaden 1956.
— Die Conodontenchronologie des Mitteldevons und des tiefsten Oberdevons. — Abh. Hess. Landesamt Bodenf., **22**, S. 1—136, Taf. 1—21, Wiesbaden 1957.

BRANSON, E. R.: Conodonts from the Hannibal formation of Missouri. — Univ. Missouri Studies, **8**, S. 301—343, Taf. 25—28, Columbia 1934.

BRANSON, E. R. & C. C. BRANSON: Lower Silurian conodonts from Kentucky. — J. Paleont., **21**, S. 549—556, Taf. 81—82, Tulsa 1947.

BRANSON, E. B. & M. G. MEHL: Conodonts from the Maquoketa-Thebes (Upper-Ordovician) of Missouri. — Univ. Missouri Studies, 8, S. 121—132, Taf. 10, Columbia 1933 (1933a).
— Conodonts from the Bainbridge (Silurian) of Missouri. — Univ. Missouri Studies, **8**, S. 39—52, Taf. 3, Columbia 1933 (1933b).
— Conodonts from the Plattin (Middle Ordovician) of Missouri. — Univ. Missouri Studies, **8**, S. 101—120, Taf. 8—10, Columbia 1933 (1933c).
— Conodonts from the Grassy Creek shale of Missouri. — Univ. Missouri Studies, **8**, S. 171—259, Taf. 13—21, Columbia 1934 (1934a).
— Conodonts from the Bushberg sandstone and equivalent formations of Missouri. — Univ. Missouri Studies, **8**, S. 265—300, Taf. 22—24, Columbia 1934 (1934b).
— The conodont genus *Icriodus* and its stratigraphic distribution. — J. Paleont., **12**, S. 156—166, Taf. 26, Tulsa 1938 (1938a).
— Conodonts from the Lower Mississippian of Missouri. — Univ. Missouri Studies, **13**, S. 128 bis 148, Taf. 33—34, Columbia 1938 (1938b).
— New and little known Carboniferous conodont genera. — J. Paleont., **15**, S. 97—106, Taf. 19, Tulsa 1941 (1941a).
— Caney conodonts of Upper Mississippian age. — Denison Univ. Bull., **40**, S. 167—178, Taf. 5, Denison 1941 (1941b).
— Conodonts from the Keokuk formation. — Denison Univ. Bull., **40**, S. 179—188, Taf. 6, Denison 1941 (1941c).

BRYANT, W. L.: The Genesee conodonts. — Bull. Buffalo Soc. Nat. Sci., **13**, S. 1—59, Taf. 1—16, Buffalo 1921.

BUDUROV, K.: Karnische Conodonten aus der Umgebung der Stadt Kotel. — Ann. Direct. gen. rech. geol. (A), **10**, S. 109—130, Taf. 1—5, Sofia 1960.

CLARK, D. L.: Conodonts from the Triassic of Nevada and Utah. — J. Paleont., **33**, 305—312, Taf. 44—45, Tulsa 1959.

COOPER, C. L.: New conodonts from the Woodford formation of Oklahoma. — J. Paleont., **5**, S. 230—243, Taf. 28, Tulsa 1931.

— Conodonts from a Bushberg-Hannibal horizon in Oklahoma. — J. Paleont., **13**, S. 379 bis 422, Taf. 39—47, Tulsa 1939.

CULLISON, J. S.: Dutchtown fauna of southeastern Missouri. — J. Paleont., **12**, S. 219—228, 1 Taf., Tulsa 1938.

DIEBEL, K.: Conodonten in der Oberkreide von Kamerun. — Geologie, **5**, S. 424—450, Taf. 1—6, Berlin 1956.

ETHINGTON, R. L.: Conodonts of the ordovician Galena formation. — J. Paleont., **33**, S. 257—292, 3 Taf., 2 Abb., 2 Tab., Tulsa 1959.

GUNELL, F. H.: Conodonts and fish remains from the Cherokee, Kansas City, and Wabaunsee groups of Missouri and Kansas. — J. Paleont., **7**, S. 261—297, Taf. 31—33, Tulsa 1933.

HASS, W. H.: Conodonts of the Barnett formation of Texas. — U. S. Geol. Survey Prof. Paper, **243** F, S. 69—94, Taf. 14—16, Washington 1953.

HELMS, J.: Conodonten aus dem Saalfelder Oberdevon (Thüringen). — Geologie, **8**, S. 634—677, Taf. 1—6, Berlin 1959.
— Die „*nodocostata*-Gruppe" der Gattung *Polygnathus*. — Geologie, **10**, S. 674—711, Taf. 1—4, Berlin 1961.

HENNINGSMOEN, G.: The *Tretaspis* series of the Kullatrop core. — Bull. Geol. Inst. Univ. Upsala, **32**, S. 374—432, Taf. 23—25, Upsala 1948.

HIBBARD, R. R.: Conodonts from the Portage group of western New York. — Am. J. Sci., **13**, S. 189—208, Taf. 1—4, New Haven 1927.

HINDE, G. J.: On conodonts from the Chazy and Cincinnati group of the Cambro-Silurian, and from the Hamilton and Genesee shale division of the Devonian, in Canada and the United States. — Quart. J. Geol. Soc. London, **35**, S. 351—369, Taf. 15—17, London 1879.

HIRSCHMANN, C.: Über Conodonten aus dem Oberen Muschelkalk des Thüringer Beckens. — Freiberger Forschungshefte, C **76**, S. 35—86, 5 Taf., 60 Abb., 6 Tab., Berlin 1959.

HOLMES, C. B.: A bibliography of the conodont with description of early Mississippian species. — Proc. U. S. Nat. Mus., **72**, S. 1—38, Taf. 1—11, Washington 1928.

HUDDLE, J. W.: Conodonts from the New Albany shale of Indiana. — Bull. Am. Paleont., **21**, S. 1—136, Taf. 1, 2, Ithaca 1934.

LAMONT, A. & M. LINDSTRÖM: Arenigian and Llandeilian Cherts identified in the Southern Uplands of Scotland by means of Conodonts, etc. — Trans. Edinburgh Geol. Soc., **17**, S. 60 bis 70, 1 Taf., 1 Abb., Edinburgh 1957.

LINDSTRÖM, M. & W. ZIEGLER: Ein Conodontentaxon aus vier morphologisch verschiedenen Typen. — Fortschr. Geol. Rheinl. Westf., **9**, S. 209—218, Taf. 1—2, Krefeld 1965.

MILLER, K. A. & W. L. YOUNGQUIST: Conodonts from the Type section of the Sweetland Creek Shale, Iowa. — J. Paleont., **21**, S. 501—517, Taf. 72—75, Tulsa 1947.

MOSHER, L. C. & D. L. CLARK: Middle Triassic Conodonts from the Prida formation of northwestern Nevada. — J. Paleont., **39**, S. 551—563, 2 Taf., 2 Abb., 1 Tab., Tulsa 1965.

MÜLLER, K. J.: Triassic conodonts from Nevada. — J. Paleont., **30**, S. 818—830, 2 Taf., Tulsa 1956.

PANDER, C. H.: Monographie der fossilen Fische des silurischen Systems der russisch-baltischen Gouvernements. — Akad. Wiss. St. Petersburg, 91 S., 7 Taf., St. Petersburg 1856.

REXROAD, C. B.: Conodonts from the Chester series in the type area of southwestern Illinois. — Illinois Geol. Survey Rept. Inv. **199**, S. 1—43, Taf. 1—4, Urbana 1957.
— Conodonts from the Glen Dean formation (Chester) of the Illinois Basin. — Illinois Geol. Survey Rept. Inv., **209**, S. 1—27, Taf. 1—6, Urbana 1958.

RHODES, F. H. T.: Some British Lower Paleozoic conodont faunas. — Phil. Trans. R. Soc. London, B, **237**, S. 261—334, Taf. 20—23, London 1953.
— The conodont fauna of the Keisley limestone. — Quart. J. Geol. Soc. London, **111**, S. 117 bis 142, Taf. 7—10, London 1955.

RHODES, F. H. T. & K. J. MÜLLER: The conodont genus *Prioniodus* and related forms. — J. Paleont., **30**, S. 695—699, Tulsa 1956.

ROUNDY, P. V.: The micro-fauna in Mississippian formations of San Saba County, Texas. — U. S. Geol. Survey, Prof. Paper, **146**, S. 1—6, Taf. 1—4, Washington 1926.

SANNEMANN, D.: Beitrag zur Untergliederung des Oberdevons nach Conodonten. — N. Jb. Geol. Paläont. Abh., **100**, S. 324—331, Taf. 24, 1 Abb., 1 Tab., Stuttgart 1955 (1955a).
— Oberdevonische Conodonten (to IIα). — Senckenbergiana Lethaea, **36**, S. 123—156, 6 Taf., 3 Abb., Frankfurt am Main 1955 (1955b).

SPASOV, Ch. & M. GANEV: Karnische Conodonten aus dem Luda-Lamcia-Teil des Ostbalkans. — Bul. Akad. Nauk. Sofia, S. 77—99, Taf. 1—2, Sofia 1960.

STAESCHE, U.: Conodonten aus dem Skyth von Südtirol. — N. Jb. Geol. Paläont., Abh., **119**, S. 247—306, Taf. 28—32, Stuttgart 1964.

STAUFFER, C. R.: The conodont fauna of the Decorah shale (Ordovician). — J. Paleont., **9**, S. 596—620, Taf. 71—75, Tulsa 1935.
— Conodonts of the Olentangy shale. — J. Paleont., **12**, S. 411—443, Taf. 48—53, Tulsa 1938.
— Conodonts from the Devonian and associated clays of Minnesota. — J. Paleont., **14**, S. 417 bis 435, Taf. 58—60, Tulsa 1940.

STAUFFER, C. R. & H. J. PLUMMER: Texas Pennsylvanian conodonts and their stratigraphic relations. — Univ. Texas Bull., **3201**, S. 13—50, Taf. 1—4, Austin 1932.

STEFANOV, S.: Conodonten aus dem Anis des Golo-Bardo-Gebirges. — Bull. Akad. Nauk. Sofia, S. 77—93, Taf. 1, 2, Sofia 1962.

TATGE, U.: Conodonten aus dem Germanischen Muschelkalk. — Paläont. Z., **30**, S. 108—127, 129—147, Taf. 5, 6, Stuttgart 1956.

ULRICH, E. O. & R. S. BASSLER: A classification of the toothlike fossils, conodonts, with description of American Devonian and Mississippian species. — U. S. Nat. Mus. Proc., **68**, S. 1—63, 11 Taf., Washington 1926.

VOGES, A.: Conodonten aus dem Unterkarbon I und II (*Gattendorfia*- und *Pericyclus*-Stufe) des Sauerlandes. — Paläont. Z., **33**, S. 266—314, Taf. 33—35, Stuttgart 1959.

YOUNGQUIST, W. L.: Upper Devonian Conodonts from the Independence shale (?) of Iowa. — J. Paleont., **19**, S. 355—367, Taf. 54—56, Tulsa 1945.
— A new Upper Devonian conodont fauna from Iowa. — J. Paleont., **21**, S. 95—112, Taf. 24—26, Tulsa 1947.

ZIEGLER, W.: Unterdevonische Conodonten, insbesondere aus dem Schönauer und dem Zorgensis-Kalk. — Notizbl. Hess. Landesamt Bodenf., **84**, S. 93—106, Taf. 6, 7, Wiesbaden 1956.
— Conodontenfeinstratigraphische Untersuchungen an der Grenze Mitteldevon/Oberdevon und in der Adorf-Stufe. — Notizbl. Hess. Landesamt f. Bodenf., **87**, S. 7—77, Taf. 1—12, Wiesbaden 1958.
— *Ancyrolepis* n. gen. (Conodonta) aus dem höchsten Teil der *Manticoceras*-Stufe. — N. Jb. Geol. Paläont. Abh., **108**, S. 75—80, Taf. 7, Stuttgart 1959.
— Die Conodonten aus den Geröllen des Zechsteinkonglomerates von Rossenray (südwestlich Rheinberg/Niederrhein). — Fortschr. Geol. Rheinl. Westf., **6**, S. 1—15, Taf. 1—4, Krefeld 1960 (1960a).
— Conodonten aus dem Rheinischen Unterdevon (Gedinnium) des Remscheider Sattels (Rheinisches Schiefergebirge). — Paläont. Z., **34**, S. 169—201, Taf. 13—15, Stuttgart 1960 (1960b).
— Taxionomie und Phylogenie Oberdevonischer Conodonten. — Abh. Hess. Landesamt Bodenf., **38**, S. 1—166, Taf. 1—14, 18 Abb., 11 Tab., Wiesbaden 1962.
— Eine Verfeinerung der Conodontengliederung an der Grenze Mitteldevon/Oberdevon. — Fortschr. Geol. Rheinld. u. Westf., **9**, S. 647—676, 6 Taf., 4 Abb., 5 Tab., Krefeld 1965.

ZIEGLER, W., KLAPPER, G. & M. LINDSTRÖM: The validity of the name *Polygnathus* (Conodonta, Devonian and Lower Carboniferous). — J. Paleont., **38**, S. 421—423, Tulsa 1964.

(B) Österreichische Conodontenfaunen

BENDER, H. & D. STOPPEL: Perm-Conodonten. — Geol. Jb., **82**, S. 331—364, 1 Abb., 1 Tab. Taf. 14—16, Hannover 1965.

CLAR, E., FRITSCH, W., MEIXNER, H., PILGER, A. & R. SCHÖNENBERG: Die geologische Neuaufnahme des Saualpen-Kristallins (Kärnten), VI. — Carinthia II, **73**, S. 23—51, 7 Abb., Klagenfurt 1963.

ERBEN, H. K., FLÜGEL, H. & O. H. WALLISER: Zum Alter der Hercynellen führenden Gastropoden-Kalke der zentralen Karnischen Alpen. — Symposium-Band 2. Intern. Arbeitstagung Silur/Devon 1960, S. 71—79, 1 Tab., Stuttgart 1962.

FLAJS, G.: Zum Alter des Blasseneck-Porphyroids bei Eisenerz (Stmk., Österreich). — N. Jb. Geol. Paläont., Mh., **1964**, S. 368—378, 4 Abb., Stuttgart 1964.
— Die Mitteldevon/Oberdevon-Grenze im Paläozoikum von Graz. — N. Jb. Geol. Paläont. Abh., **124**, S. 221—240, 4 Abb., 1 Tab., Taf. 23—26, Stuttgart 1966.
— Conodontenstratigraphische Untersuchungen im Raum von Eisenerz, Nördliche Grauwackenzone. — Mitt. geol. Ges. Wien, **59**, S. 157—212, 8 Abb., 5 Taf., Wien 1967 (1967a).
— Ergänzende Bemerkungen zur Alterseinstufung des Blasseneck-Porphyroids bei Eisenerz. — Anz. Akad. Wiss., math.-naturw. Kl., **1967**, S. 127—132, Wien 1967 (1967b).

FLAJS, G., FLÜGEL, H. & St. HASLER: Bericht über stratigraphische Untersuchungen im ostalpinen Altpaläozoikum im Jahre 1962. — Anz. Akad. Wiss., math.-naturw. Kl., **1963**, S. 125—127, Wien 1963.

FLAJS, G. & W. GRÄF: Ludlow-Conodonten aus einem Kalkgeröll der Kainacher Gosau. — Verh. geol. Bundesanst. Wien, **1966**, S. 170—172, Wien 1966.

FLAJS, G. & P. PÖLSLER: Vorbericht über conodontenstratigraphische Untersuchungen im Süd-Abschnitt des Pipeline-Stollens Plöcken (Karnische Alpen). — Anz. Akad. Wiss., math.-naturw. Kl., **1965**, S. 305—308, Wien 1965.

FLÜGEL, E.: Conodonten und Mikrofazies der Hallstätter Kalke (Nor) am Siriuskogel in Bad Ischl, Oberösterreich. — N. Jb. Geol. Paläont., Mh., **1967**, S. 91—103, Stuttgart 1967.

FLÜGEL, H.: Das Problem der Unter-Devon/Mittel-Devon- und der Silur/Devon-Grenze im Paläozoikum von Graz. — Prager Arbeitstagung über die Stratigraphie des Silurs und des Devons. — S. 115—121, 1 Abb., Prag 1960.
— Die Geologie des Grazer Berglandes. — Mitt. Museum Bergbau, Geol. Techn., **23**, 212 S., 4 Abb., Graz 1961.
— Ergänzung zur Diskussion A. TOLLMANN — H. SORDIAN. — N. Jb. Geol. Paläont. Mh., 1964, S. 743—744, Stuttgart 1964 (1964a).
— Das Paläozoikum in Österreich. — Mitt. geol. Ges. Wien, **56**, S. 401—443, 5 Abb., Wien **1964** (1964b).
— Vorbericht über mikrofazielle Untersuchung des Silurs des Cellon-Lawinenrisses (Karnische Alpen). — Anz. Akad. Wiss., math.-naturw. Kl., **1965**, S. 289—297, 1965 (1965a).
— Vorläufige Mitteilung über Conodontenfunde in den Werfener Schichten (Skythium) des Kühweger Köpfls (Karnische Alpen). — Anz. Akad. Wiss., math.-naturw. Kl., **1965**, S. 33—34, Wien 1965 (1965b).
— Trias-Gerölle in den Gams-Konglomeraten bei Frohnleiten (Steiermark). — Anz. Akad. Wiss., math.-naturw. Kl., **1966**, S. 265—267, Wien 1966.

FLÜGEL, H., GRÄF, W. & W. ZIEGLER: Bemerkungen zum Alter der „Hochwipfelschichten" (Karnische Alpen). — N. Jb. Geol. Paläont., Mh., **1959**, S. 153—167, 3 Abb., Stuttgart 1959.

FLÜGEL, H. & H. PETAK: Zur Kenntnis der „Pseudo-Hallstätter Kalke" der alpinen Trias. — Mitt. naturw. Ver. Steiermark, **94**, S. 19—30, 5 Abb., Graz 1964.

FLÜGEL, H. & W. ZIEGLER: Die Gliederung des Oberdevons und Unterkarbons am Steinberg westlich von Graz mit Conodonten. — Mitt. naturw. Ver. Steiermark, **87**, S. 25—60, 6 Abb., 5 Taf., Graz 1957.

GESSNER, D.: Gliederung der Reiflinger Kalke an der Typuslokalität Groß-Reifling a. d. Enns (Nördliche Kalkalpen). — Z. dtsch. geol. Ges., **116**, S. 696—708, Taf. 7, 8, Hannover 1966.

HABERFELNER, E.: Graptolithen aus dem Obersilur der Karnischen Alpen. II. T.: Unter-Llandoverylydite vom Polinik und von der Weidegger Höhe. — Sitzber. Akad. Wiss., math.-naturw. Kl., I, **140**, S. 879—892, 3 Abb., Wien 1931.

HERITSCH, F.: Das Paläozoikum in F. HERITSCH & O. KÜHN: Die Stratigraphie der geologischen Formationen der Ostalpen. — 681 S., 14 Abb., Borntraeger, Berlin 1943.

HIRSCH, F.: Etude stratigraphique du Trias moyen de la région de l'Arlberg (Alpes du Lechtal, Autriche). — Mitt. Geol. Inst. E. T. H. Zürich, N. F., **80**, 87 S., Zürich 1966.

HUCKRIEDE, R.: Conodonten in der mediterranen Trias. — Verh. geol. Bundesanst. Wien, **1955**, S. 260—264, 1955.
— Die Conodonten der mediterranen Trias und ihr stratigraphischer Wert. — Paläont. Z., **32**, S. 141—175, Taf. 10—14, Stuttgart 1958.
— Die Eisenspitze am Kalkalpensüdrand (Lechtaler Alpen, Tirol). — Z. dtsch. geol. Ges., **111**, S. 410—433, 4 Abb., Hannover 1959 (1959a).
— Trias, Jura und tiefere Kreide bei Kaisers in den Lechtaler Alpen (Tirol). — Verh. geol. Bundesanst. Wien **1959**, S. 44—92, 1 Abb., Wien 1959 (1959b).

KHOSROWI-SAID, A.: Stratigraphische Ergebnisse im Paläozoikum beiderseits des Pailgrabens (Graz-N) mit Hilfe von Conodonten. — Anz. Österr. Akad. Wiss., math.-naturw. Kl., **1962**, S. 89—90, Wien 1962.

KLEINSCHMIDT, G. & F. WURM: Die geologische Neuaufnahme des Saualpenkristallins (Kärnten), X. Paläozoikum und epizonale Serien zwischen St. Andrä im Lavanttal und Griffen. — Carinthia II, **76**, S. 108—140, 13 Abb., 2 Taf., Klagenfurt 1966.

KODSI, G. M.: Zur Kenntnis der Devon/Karbon-Grenze im Paläozoikum von Graz. — N. Jb. Geol. Paläont., Mh., **1967**, S. 415—427, 6 Abb., Stuttgart 1967.

KRISTAN-TOLLMANN, E.: Rotaliidea (Foraminifera) aus der Trias der Ostalpen. — Jb. geol. Bundesanst. Wien, Sonderbd., **5**, S. 47—78, 2 Abb., 15 Taf., Wien 1960.

MOSTLER, H.: Conodonten aus der westlichen Grauwackenzone. — Verh. geol. Bundesanst. Wien, **1964**, S. 223—226, Wien 1964.
— Conodonten aus dem Paläozoikum der Kitzbühler Alpen (Tirol). — Verh. geol. Bundesanst. Wien, **1965**, S. 163—167, Wien 1965 (1965a).
— Bericht über stratigraphische Untersuchungen in der westlichen Grauwackenzone. — Anz. Akad. Wiss., math.-naturw. Kl., **1965**, S. 37—39, Wien 1965 (1965b).
— Das Silur (Gotlandium) der Lachtal-Grundalm (Fieberbrunn, Tirol). — Anz. Akad. Wiss., math.-naturw. Kl., **1966**, S. 1—3, Wien 1966 (1966a).
— Zur Einstufung der „Kieselschiefer" von der Lachtal-Grundalm (Fieberbrunn, Tirol). — Verh. geol. Bundesanst. Wien, **1966**, S. 157—170, Wien 1966 (1966b).
— Conodonten aus der Magnesitlagerstätte Entachenalm (Nördliche Grauwackenzone, Salzburg). — Ber. Nat.-Med. Ver. Innsbruck, **54**, S. 21—31, 4 Abb., 1 Tab., Innsbruck 1966 (1966c).
— Conodonten aus dem tieferen Silur der Kitzbühler Alpen (Tirol). — O.-KÜHN-Festschr., S. 295—303, 5 Abb., 1 Taf., Wien 1967.

MÜLLER, K. J.: Zur Kenntnis der Conodonten-Fauna des europäischen Devons, 1. Die Gattung *Palmatolepis*. — Abh. Senckenberg. Naturforsch. Ges., **494**, S. 1—70, Taf. 1—11, 1 Abb., 2 Tab., Frankfurt am Main 1956.
— Nachweis der *Pericyclus*-Stufe (Unterkarbon) in den Karnischen Alpen. — N. Jb. Geol. Paläont., Mh., **1959**, S. 90—94, Stuttgart 1959.

PILGER, A. & R. SCHÖNENBERG: Der erste Fund mitteltriadischer Tuffe in den Gailtaler Alpen (Kärnten). — Z. dtsch. geol. Ges., **110**, S. 205—215, 3 Abb., Taf. 9—11, Hannover 1958.

Pölsler, P.: Geologie des Plöckentunnels der Ölleitung Triest—Ingolstadt (Karnische Alpen, Österreich/Italien). — Carinthia II, 77, S. 37—58, 4 Abb., 2 Beilagen, Klagenfurt 1967.

Pribyl, A.: Von böhmischen und fremden Vertretern der Gattung *Rastrites* Barrande 1850. — Mitt. tschech. Akad. Wiss., S. 1—22, 1 Abb., 3 Taf., Prag 1941.

Schlager, W.: Fazies und Tektonik am Westrand der Dachsteinmasse (Österreich). II. Geologische Aufnahme von Unterlage und Rahmen des Obertriasriffes im Gosaukamm. — Mitt. Ges. Geol. Bergbaustud., 17, S. 205—282, 8 Abb., 3 Taf., Wien 1967.

Schönenberg, R.: Zur Conodonten-Stratigraphie und Tektonik des Seebergsattels (Paläozoikum, Karawanken). — Max-Richter-Festschrift, S. 29—34, 2 Abb., Clausthal-Zellerfeld 1965.

Schulze, R.: Vorläufige Mitteilung über die Conodonten-Stratigraphie des Paläozoikums im Seeberger Aufbruch (Karawanken). — Der Karinthin, 51, S. 108—110, Hüttenberg 1964.

Skala, W.: Bericht über die geologische Neukartierung des Poludnig (östliche Karnische Alpen). — Anz. Akad. Wiss., math.-naturw. Kl., 1967, S. 217—219, Wien 1967.

Strehl, E.: Das Paläozoikum und sein Deckgebirge zwischen Klein St. Paul und Brückl. — Carinthia II, 72, S. 46—74, 17 Abb., 1 Karte, Klagenfurt 1962.

Tollmann, A.: Die Hallstätterzone des östlichen Salzkammergutes und ihr Rahmen. — Jb. geol. Bundesanst. Wien, 103, S. 37—131, 4 Abb., Taf. 2—5, Wien 1960.

Walliser, O. H.: Conodonten aus dem oberen Gotlandium Deutschlands und der Karnischen Alpen. — Notizbl. Hess. Landesamt Bodenf., 85, S. 28—52, 3 Abb., Taf. 1—3, Wiesbaden 1957.

— Conodontenchronologie des Silurs (= Gotlandiums) und des tieferen Devons mit besonderer Berücksichtigung der Formationsgrenze. — Symposium Silur/Devon-Grenze, 1960, S. 281 bis 287, 1 Abb., 1 Tab., Stuttgart 1962.

— Conodonten des Silurs. — Abh. Hess. Landesamt Bodenf., 41, 106 S., 10 Abb., 32 Taf., Wiesbaden 1964.

(C) Seit Abschluß des Manuskripts erschienene und daher nicht mehr berücksichtigte Arbeiten

Jaeger, H. & P. Pölsler: Bericht über die geologische Aufnahme des Findenigkofels (Monte Lodin) in den Karnischen Alpen (Kärnten). — Anz. Akad. Wiss., math.-naturw. Kl., 1967, S. 149—155, Wien.

Mosher, L. C.: Triassic Conodonts from Western North America and Europe and their correlation. — J. Paleont., 42, S. 895—946, Taf. 113—118, Menasha 1968.

Mostler, H.: Conodonten und Holothuriensklerite aus den norischen Hallstätter-Kalken von Hernstein (Niederösterreich). — Verh. geol. Bundesanst. Wien, 1967, S. 177—188, 3 Abb., Wien 1967.

— Das Silur im Westabschnitt der Nördlichen Grauwackenzone (Tirol und Salzburg). — Mitt. Ges. Geol. Bergbaustud., 18, S. 89—150, 41 Abb., Wien 1968.

Mostler, H., R. Oberhauser & B. Plöchinger: Die Hallstätter Kalk-Scholle des Burgfelsens Hernstein (N.-Ö.). — Verh. geol. Bundesanst. Wien, 1967, S. 27—36, 2 Abb., Wien 1967.

Rösler, J.: Über biostratigraphisch belegtes Silur und altpaläozoischen Vulkanismus in Trögern (Karawanken). — Der Karinthin, 59, S. 53—56, Hüttenberg 1968.

Schlager, W.: Hallstätter und Dachsteinkalk-Fazies am Gosaukamm und die Vorstellung ortsgebundener Hallstätter Zonen in den Ostalpen. — Verh. geol. Bundesanst. Wien, 1967, S. 50—70, 3 Taf., Wien 1967.

Schönlaub, H.: Vorbericht über conodontenstratigraphische Untersuchungen im Raume Bischofalm—Hoher Trieb (Karnische Alpen). — Anz. Akad. Wiss., math.-naturw. Kl., 1967, S. 159—164, Wien.

Schulze, R.: Die Conodonten aus dem Paläozoikum der mittleren Karawanken (Seeberggebiet). — N. Jb. Geol. Paläont. Abh., 130, S. 133—245, 18 Abb., Taf. 16—20, Stuttgart 1968.

Ordo: **Conodontophorida** Eichenberg, **1930**

Bemerkungen: Die Genera werden in alphabetischer Reihung gebracht. Bei der ungeklärten Natur der Conodonten ist derzeit ihre Zusammenfassung zu höheren taxonomischen Einheiten noch sehr unsicher.

Genus: *Acodus* Pander, 1856

Acodus similaris Rhodes, 1955

* 1955 (*Acodus similaris*) Rhodes 1955, S. 124, Taf. 10, Fig. 7, 10, 14, 16, 18, 23, 26 bis 28, 30.
v. 1964 (*Acodus similaris*) Flajs 1964, S. 371.
v. 1965 (*Acodus similaris*) Flajs & Pölsler 1965, S. 306.
v. 1967 (*Acodus similaris*) Flajs 1967a, S. 164, 165, 166, 191, 192, Taf. 3, Fig. 1a, b.

Verbreitung: Karnische Alpen (Pipeline-Stollen: Bereich I); N. Grauwackenzone (Eisenerz: Oberes Ordovicium).

Genus: *Acontiodus* Pander, 1856

Bemerkungen: In der Synonymisierung von *Acodina* Stauffer, 1940, mit *Acontiodus* Pander, 1856, folgen wir Hass 1962, S. 43.

Acontiodus? curvatus (Stauffer, 1940)

* 1940 (*Acodina curvata*) Stauffer 1940, S. 418, Taf. 60, Fig. 3, 14—16.
v 1967 (*Acodina curvata*) Pölsler 1967, S. 42, 43, 49.
Verbreitung: Karnische Alpen (Pipeline-Stollen: to III).

Acontiodus? liratus (Stauffer, 1940)

* 1940 (*Acodina lirata*) Stauffer 1940, S. 419, Taf. 60, Fig. 18, 45.
v 1967 (*Acodina lirata*) Pölsler 1967, S. 42.
Verbreitung: Karnische Alpen (Pipeline-Stollen: to II).

Genus: *Ambalodus* Branson & Mehl, 1933

Ambalodus galerus Walliser, 1964

* 1964 (*Ambalodus galerus*) Walliser 1964, S. 27, Taf. 6, Fig. 1, Taf. 12, Fig. 1—7, Tabelle 1, 2.
1967 (*Ambalodus galerus*) Mostler 1967, S. 296

Holotypus: Das von Walliser 1964, Taf. 12, Fig. 5, abgebildete Stück Wa 737/3 im Geol.-Paläont. Institut der Universität Marburg a. d. L.
Locus typicus: Karnische Alpen (Cellon).
Stratum typicum: Schicht 10 D, *celloni*-Zone, Llandovery, Silur.
Verbreitung: Karnische Alpen (Cellon: *celloni*- und *amorphognathoides*-Zone); N. Grauwackenzone (Kitzbühler Alpen: *celloni*-Zone).

Ambalodus triangularis BRANSON & MEHL, 1933

* 1933 (*Ambalodus triangularis*) BRANSON & MEHL 1933a, S. 127, Taf. 10, Fig. 35—37.
. 1962 (*Ambalodus*) WALLISER 1962, S. 282, Fig. 1, Nr. 3.
. 1964 (*Ambalodus triangularis*) WALLISER 1964, S. 27, Taf. 4, Fig. 2, Taf. 11, Fig. 4—9,
    Tabelle 1, 2.
v. 1964 (*Ambalodus triangularis*) FLAJS 1964, S. 371.
v. 1967 (*Ambalodus triangularis*) FLAJS 1967a, S. 164, 166, 191, 192, Taf. 3, Fig. 3, 4a, b.
v. 1967 (*Ambalodus triangularis*) PÖLSLER 1967, S. 49.

Verbreitung: Karnische Alpen (Cellon: Bereich I; Pipeline-Stollen: Bereich I);
N. Grauwackenzone (Eisenerz: Oberes Ordovicium).

Ambalodus? n. sp.

1963 (? *Ambalodus* n. sp.) WALLISER in: CLAR, FRITSCH, MEIXNER, PILGER & SCHÖNEN-
    BERG 1963, S. 29.

Verbreitung: Mittel-Kärnten (Klein St. Paul: Llandovery/tieferes Wenlock).

Genus: *Amorphognathus* BRANSON & MEHL, 1933

Amorphognathus cf. *ordovicicus* BRANSON & MEHL, 1933

cf. * 1933 (*Amorphognathus ordovica*) BRANSON & MEHL 1933a, S. 126, Taf. 10, Fig. 38.
non v1964 (*Amorphognathus* cf. *ordovicicus*) FLAJS 1964, S. 371 (= *Amorphognathus* sp.).

Amorphognathus n. sp.

1962 (n. gen. A n. sp. b) WALLISER 1962, S. 282, Fig. 1, Nr. 1.
1964 (*Amorphognathus* n. sp.) WALLISER 1964, S. 27, Taf. 4, Fig. 1, Taf. 10, Fig. 25 bis
    27, Tabelle 1, 2.

Verbreitung: Karnische Alpen (Cellon: Bereich I, Oberes Ordovicium/tiefes
Silur).

Amorphognathus sp.

v 1964 (*Amorphognathus* cf. *ordovicicus*) FLAJS 1964, S. 371.
v 1965 (*Amorphognathus* sp.) FLAJS & PÖLSLER 1965, S. 306.
v 1967 (*Amorphognathus* sp.) FLAJS 1967a, S. 166, 191.
v 1967 (*Amorphognathus* sp.) PÖLSLER 1967, S. 49.

Verbreitung: N. Grauwackenzone (Eisenerz: Oberes Ordovicium); Karnische
Alpen (Pipeline-Stollen: Bereich I, Oberes Ordovicium/tiefes Silur).

Genus: *Ancoradella* WALLISER, 1964

Gattungstypus: *Ancoradella ploeckensis* WALLISER, 1964

Ancoradella ploeckensis WALLISER, 1964

* 1964 (*Ancoradella ploeckensis*) WALLISER 1964, S. 28, Taf. 7, Fig. 10, Taf. 16, Fig. 16
    bis 21, Tabelle 1, 2.
v. 1967 (*Ancoradella ploeckensis*) FLAJS 1967a, S. 182.

Holotypus: Das von WALLISER 1964, Taf. 16, Fig. 16, abgebildete Stück Wa 519/1 im Geol.-Paläont. Institut der Universität Marburg a. d. L.

Locus typicus: Karnische Alpen (Cellon).

Stratum typicum: Schicht 19, *ploeckensis*-Zone, Ludlow, Silur.

Verbreitung: Karnische Alpen (Cellon: *ploeckensis*- bis tiefste *siluricus*-Zone).

Bemerkungen: Das aus Eisenerz erwähnte Exemplar ist in Verlust geraten.

Ancoradella cf. *ploeckensis* WALLISER, 1964

v 1967 (*Ancoradella* cf. *ploeckensis*) FLAJS 1967a, S. 170, 179, 197, Taf. 4, Fig. 12a, b.

Verbreitung: N. Grauwackenzone (Eisenerz: *ploeckensis*-Zone?).

Genus: *Ancyrodella* ULRICH & BASSLER, 1926

Ancyrodella buckeyensis STAUFFER, 1938

* 1938 (*Ancyrodella buckeyensis*) STAUFFER 1938, S. 412, 418, Taf. 52, Fig. 17, 18, 23, 24.

1957 (*Ancyrodella buckeyensis*) ZIEGLER in FLÜGEL & ZIEGLER 1957, Tabelle 1, S. 29.

v. 1966 (*Ancyrodella buckeyensis*) FLAJS 1966, S. 226, Tabelle S. 225, Taf. 24, Fig. 1a, b, Abb. 30c.

v 1967 (*Ancyrodella buckeyensis*) PÖLSLER 1967, S. 41, 42, 46.

Verbreitung: Grazer Paläozoikum (Steinberg: to I; Kanzel: *asymmetricus*-Zone, to I); Karnische Alpen (Pipeline-Stollen: höheres to I).

Ancyrodella cf. *buckeyensis* STAUFFER, 1938

non 1966 (*Ancyrodella* cf. *buckeyensis*) FLAJS 1966, S. 227, Abb. 3d, Taf. 24, Fig. 2, 3, Tabelle S. 225 (= *Ancyrodella rotundiloba* s. l. ?).

Ancyrodella curvata (BRANSON & MEHL, 1934)

* 1934 (*Ancyrognathus curvatus*) BRANSON & MEHL 1934a, S. 241, Taf. 19, Fig. 6, 11.

1957 (*Ancyrodella curvata*) ZIEGLER in FLÜGEL & ZIEGLER 1957, Taf. 1, Fig. 8, Tabelle 1, S. 29.

Verbreitung: Grazer Paläozoikum (Steinberg: to I).

Ancyrodella gigas YOUNGQUIST, 1947

* 1947 (*Ancyrodella gigas*) YOUNGQUIST, S. 96, Taf. 25, Fig. 23.

v 1967 (*Ancyrodella gigas*) PÖLSLER, S. 46.

Verbreitung: Karnische Alpen (Pipeline-Stollen: mittleres to I).

Ancyrodella lobata BRANSON & MEHL, 1934

* 1934 (*Ancyrodella lobata*) BRANSON & MEHL 1934a, S. 239, Taf. 19, Fig. 14, Taf. 21, Fig. 22, 23.

1957 (*Ancyrodella lobata*) ZIEGLER in FLÜGEL & ZIEGLER 1957, Tabelle 1, S. 29.

v. 1966 (*Ancyrodella lobata*) FLAJS 1966, S. 226, Tabelle S. 225, Taf. 23, Fig. 2a, b, Abb. 3a.

v 1967 (*Ancyrodella lobata*) PÖLSLER 1967, S. 46.

Verbreitung: Grazer Paläozoikum (Steinberg: to I; Kanzel: *asymmetricus*-Zone, to Iγ); Karnische Alpen (Pipeline-Stollen: mittleres und oberes to I).

Ancyrodella n. sp. aff. *lobata* BRANSON & MEHL, 1934

v 1966 (*Ancyrodella* n. sp. aff. *lobata*) FLAJS 1966, Tabelle S. 225, 228, Abb. 3b, Taf. 24, Fig. 8.

Verbreitung: Grazer Paläozoikum (Kanzel: *asymmetricus*-Zone).

Ancyrodella nodosa ULRICH & BASSLER, 1926

* 1926 (*Ancyrodella nodosa*) ULRICH & BASSLER 1926, S. 44, 48, Taf. 1, Fig. 5, 8, 9, 10—13.
v. 1966 (*Ancyrodella nodosa*) FLAJS 1966, S. 226, Tabelle S. 225, Taf. 23, Fig. 4a, b.
v 1967 (*Ancyrodella nodosa*) PÖLSLER 1967, S. 42.

Verbreitung: Grazer Paläozoikum (Kanzel: *asymmetricus*-Zone); Karnische Alpen, (Pipeline-Stollen: oberes to I).

Ancyrodella rotundiloba (BRYANT, 1921) s. l.?

* 1921 (*Polygnathus rotundilobus*) BRYANT 1921, S. 26, Taf. 12, Fig. 1—6, Abb. 7.
v?1966 (*Ancyrodella* cf. *buckeyensis*) FLAJS 1966, S. 227, Abb. 3d, Taf. 24, Fig. 2, 3.

Verbreitung: Grazer Paläozoikum (Kanzel: *asymmetricus*-Zone, to I).
Bemerkungen: Nach ZIEGLER, Zentralbl. Geol. Paläont. 1967, II, 348, sind die abgebildeten Exemplare zu *A. rotundiloba* s. l. zu stellen. Da das vorhandene Material zu spärlich ist, um eine exakte Zuordnung zu ermöglichen, müssen neue Aufsammlungen abgewartet werden.

Ancyrodella sp.

v 1967 (*Ancyrodella* sp.) FLAJS 1967a, S. 174.
v 1967 (*Ancyrodella* sp.) PÖLSLER 1967, S. 42.

Verbreitung: N. Grauwackenzone (Eisenerz: to I); Karnische Alpen (Pipeline-Stollen: oberes to I).

Genus: *Ancyrodelloides* BISCHOFF & SANNEMANN, 1958

Ancyrodelloides trigonica BISCHOFF & SANNEMANN, 1958

* 1958 (*Ancyrodelloides trigonica*) BISCHOFF & SANNEMANN 1958, S. 92, Taf. 12, Fig. 9, 12—14, 16.
v 1967 (*Ancyrodelloides trigonica*) PÖLSLER 1967, S. 47.
v 1967 (*Ancyrodelloides trigonica*) FLAJS 1967a, S. 168, 198, Taf. 5, Fig. 10.

Verbreitung: Karnische Alpen (Pipeline-Stollen: Unter-Devon); N. Grauwackenzone (Eisenerz: Unter-Devon).

Genus: *Ancyrognathus* BRANSON & MEHL, 1934

Ancyrognathus euglypheus STAUFFER, 1938

* 1938 (*Ancyrognathus euglypheus*) STAUFFER 1938, S. 418, Taf. 53, Fig. 18.
1957 (*Ancyrognathus euglypheus*) ZIEGLER in FLÜGEL & ZIEGLER 1957, Tabelle 1, S. 29.

Verbreitung: Grazer Paläozoikum (Steinberg: to I).
Bemerkungen: Nach ZIEGLER 1958, S. 46, „kann nicht mit Sicherheit entschieden werden, ob *Ancyrognathus euglypheus* STAUFFER ein jüngeres Synonym von *A. asymmetrica* ist oder als selbständige Art gelten kann, da über die Ausmaße des weggebrochenen

Teiles (des Typus) keine Angaben gemacht werden können. Um weitere Mißdeutungen an Hand der Abb. zu vermeiden, wird vorgeschlagen, die Art *Ancyrognathus euglypheus* STAUFFER für ungültig zu erklären".

Genus: *Angulodus* HUDDLE, 1934

Angulodus walrathi (HIBBARD, 1927)

* 1927 (*Hindeodella walrathi*) HIBBARD 1927, S. 205, Abb. 4a, b.
   1957 (*Angulodus walrathi*) ZIEGLER in FLÜGEL & ZIEGLER 1957, S. 36, Taf. 5, Fig. 19, Tabelle 1, 2.
v. 1966 (*Angulodus walrathi*) FLAJS 1966, Tabelle S. 225.

Verbreitung: Grazer Paläozoikum (Steinberg: to I—IV, cu IIγ, cu III; Kanzel: *asymmetricus*-Zone).

Angulodus sp.

v 1964 (*Angulodus* sp.) FLAJS in FLÜGEL 1964, S. 744.
v 1967 (*Angulodus* sp.) PÖLSLER, 1967, Tabelle 1.

Verbreitung: Kärnten (Winkl: Moränenblöcke des Ems); Karnische Alpen (Pipe-line-Stollen: tieferes to II).

Genus: *Apsidognathus* WALLISER, 1964

Gattungstypus: *Apsidognathus tuberculatus* WALLISER, 1964

Apsidognathus tuberculatus WALLISER, 1964

. 1962 (n. gen. B n. sp.) WALLISER 1962, S. 282, Fig. 1, Nr. 4.
   1963 (n. gen. B n. sp.) WALLISER in CLAR, FRITSCH, MEIXNER, PILGER & SCHÖNENBERG, 1963, S. 29.
* 1964 (*Apsidognathus tuberculatus*) WALLISER 1964, S. 29, Taf. 5, Fig. 1, Taf. 12, Fig. 16—22, Taf. 13, Fig. 1—5, Tabelle 1, 2.
   1967 (*Apsidognathus tuberculatus*) MOSTLER 1967, S. 296, Taf. 1, Fig. 16, 18, 22.

Holotypus: Das von WALLISER 1964, Taf. 12, Fig. 18, abgebildete Stück Wa 737/4 im Geol.-Paläont. Institut der Universität Marburg a. d. L.

Locus typicus: Karnische Alpen (Cellon).

Stratum typicum: Schicht 10 D, *celloni*-Zone, Llandovery, Silur.

Verbreitung: Karnische Alpen (Cellon: *celloni-* und *amorphognathoides*-Zone); Mittel-Kärnten (Klein St. Paul: höheres Llandovery bis tieferes Wenlock); N. Grauwacken-zone (Kitzbühler Alpen: *celloni*-Zone).

Genus: *Astrognathus* WALLISER, 1964

Gattungstypus: *Astrognathus tetractis* WALLISER, 1964

Astrognathus tetractis WALLISER, 1964

* 1964 (*Astrognathus tetractis*) WALLISER 1964, S. 30, Taf. 5, Fig. 4, Taf. 14, Fig. 1, 2, Tabelle 1, 2.

Holotypus: Das von WALLISER 1964, Taf. 14, Fig. 1, abgebildete Stück Wa 1050/1 im Geol.-Paläont. Institut der Universität Marburg a. d. L.

Locus typicus: Karnische Alpen (Cellon).

Stratum typicum: Schicht 10 C/D, *celloni*-Zone, Llandovery, Silur.

Verbreitung: Karnische Alpen (Cellon: *celloni-* und *amorphognathoides*-Zone).

Genus: *Astropentagnathus* MOSTLER, 1967

Gattungstypus: *Astropentagnathus irregularis* MOSTLER, 1967

Astropentagnathus irregularis MOSTLER, 1967

* 1967 (*Astropentagnathus irregularis*) MOSTLER 1967, S. 296, 298, Taf. 1, Fig. 1—11.

Holotypus: Das von MOSTLER 1967, Taf. 1, Fig. 3, abgebildete Stück 8118/1 im Geol.-Paläont. Institut der Universität Innsbruck.
Locus typicus: Kitzbühler Alpen (Westendorf).
Stratum typicum: *celloni*-Zone, Llandovery, Silur.
Verbreitung: N. Grauwackenzone (Kitzbühler Alpen: *celloni*-Zone).

Genus: *Aulacognathus* MOSTLER, 1967

Gattungstypus: *Aulacognathus kuehni* MOSTLER, 1967

Aulacognathus kuehni MOSTLER, 1967

* 1967 (*Aulacognathus kuehni*) MOSTLER 1967, S. 296, 301, Taf. 1, Fig. 12—15, 21, 24, 25.

Holotypus: Das von MOSTLER 1967, Taf. 1, Fig. 14 abgebildete Stück 8118/2 im Geol.-Paläont. Institut der Universität Innsbruck.
Locus typicus: Kitzbühler Alpen (Westendorf).
Stratum typicum: *celloni*-Zone, Llandovery, Silur.
Verbreitung: N. Grauwackenzone (Kitzbühler Alpen: *celloni*-Zone).

Genus: *Belodus* PANDER, 1856

Belodus triangularis STAUFFER, 1940

* 1940 (*Belodus triangularis*) STAUFFER 1940, S. 420, Taf. 59, Fig. 49.
v. 1963 (*Belodus triangularis*) FLAJS in FLAJS, FLÜGEL & HASLER 1963, S. 126.
v. 1964 (*Belodus triangularis*) FLAJS in FLÜGEL 1964b, S. 744.
1964 (*Belodus triangularis*) MOSTLER 1964, S. 225.

Verbreitung: N. Grauwackenzone (Eisenerz: Ludlow; Schwazer Dolomit: Unter-Devon).

Belodus sp.

v 1966 (*Belodus* sp.) FLAJS 1966, Tabelle S. 225.

Verbreitung: Grazer Paläozoikum (Kanzel: Givet).

Genus: *Bryantodus* ULRICH & BASSLER, 1926

Bryantodus acutus BRANSON, E. R., 1934

* 1934 (*Bryantodus acutus*) BRANSON, E. R. 1934, S. 325, Taf. 28, Fig. 28.
1959 (*Bryantodus acutus*) MÜLLER 1959, S. 91.

Verbreitung: Karnische Alpen (Grüne Schneid: *Pericyclus*-Stufe).

Bryantodus cf. biangulatus

1957 (*Bryantodus* cf. *biangulatus*) ZIEGLER in FLÜGEL & ZIEGLER 1957, Taf. 1, Fig. 24, Tabelle 1.

Verbreitung: Grazer Paläozoikum (Steinberg: to II, to VI).

Bemerkungen: Diese Art wurde nie beschrieben. Möglicherweise handelt es sich um *Bryantodus angulatus* COOPER, 1931.

Bryantodus dignatus STAUFFER, 1938

* 1938 (*Bryantodus dignatus*) STAUFFER 1938, S. 412, Taf. 48, Fig. 29.

1957 (*Bryantodus dignatus*) ZIEGLER in FLÜGEL & ZIEGLER 1957, Tabelle 1.

Verbreitung: Grazer Paläozoikum (Steinberg: to I).

Bryantodus planus BRANSON & MEHL, 1934

* 1934 (*Bryantodus planus*) BRANSON & MEHL 1934b, S. 284, Taf. 23, Fig. 8.

1957 (*Bryantodus planus*) ZIEGLER in FLÜGEL & ZIEGLER 1957, S. 37, Taf. 5, Fig. 6, Tabelle 2.

? 1957 (*Bryantodus planus?*) ZIEGLER in FLÜGEL & ZIEGLER 1957, Taf. 5, Fig. 7, 10.

Verbreitung: Grazer Paläozoikum (Steinberg: cu IIγ).

Bryantodus pravus (BRYANT, 1921)

* 1921 (*Prioniodus pravus*) BRYANT 1921, S. 18, Taf. 8, Fig. 5.

v. 1966 (*Bryantodus pravus*) FLAJS 1966, Tabelle S. 125.

Verbreitung: Grazer Paläozoikum (Kanzel: *varca*-Zone).

Bryantodus stratfordensis STAUFFER, 1938

* 1938 (*Bryantodus stratfordensis*) STAUFFER 1938, S. 423, Taf. 48, Fig. 17, Taf. 49, Fig. 6.

v 1967 (*Bryantodus stratfordensis*) PÖLSLER 1967, S. 42.

Verbreitung: Karnische Alpen (Pipeline-Stollen: to I).

Bryantodus n. sp. ZIEGLER in FLÜGEL & ZIEGLER, 1957

1957 (*Bryantodus* n. sp.) ZIEGLER in FLÜGEL & ZIEGLER 1957, S. 37, Taf. 5, Fig. 3, Tabelle 1, 2.

Verbreitung: Grazer Paläozoikum (Steinberg: *styriacus*-Zone, cu IIγ).

Bryantodus sp.

1959 (*Bryantodus* sp.) MÜLLER 1959, S. 91.

Verbreitung: Karnische Alpen (Grüne Schneid: *Pericyclus*-Stufe).

Genus: *Carniodus* WALLISER, 1964

Gattungstypus: *Carniodus carnulus* WALLISER, 1964

Carniodus ? carinthiacus WALLISER, 1964

* 1964 (? *Carniodus carinthiacus*) WALLISER 1964, S. 31, Abb. 4u, Taf. 6, Fig. 8, Taf. 27, Fig. 20—26, Tabelle 1, 2.

1965 (? *Carniodus carinthiacus*) MOSTLER 1965a, S. 165.

v. 1967 (? *Carniodus carinthiacus*) FLAJS 1967a, S. 179, 189, 196, Taf. 4, Fig. 2, 3.

1967 (? *Carniodus carinthiacus*) MOSTLER 1967, S. 296.

Holotypus: Das von WALLISER 1964, Taf. 27, Fig. 21, abgebildete Stück Wa 953/1 im Geol.-Paläont. Institut der Universität Marburg a. d. L.

Locus typicus: Karnische Alpen (Cellon).

Stratum typicum: Schicht 12 A, *amorphognathoides*-Zone, Wenlock, Silur.

Verbreitung: Karnische Alpen (Cellon: ? *celloni*- bis *amorphognathoides*-Zone); N. Grauwackenzone (Lachtal: *amorphognathoides*-Zone; Eisenerz: *amorphognathoides*-Zone; Kitzbühler Alpen: *celloni*-Zone).

Carniodus ? cf. carinthiacus WALLISER, 1964

1964 (? *Carniodus* cf. *carinthiacus*) WALLISER 1964, Tabelle 2.

Verbreitung: Karnische Alpen (Cellon: *celloni*-Zone).

Carniodus carnicus WALLISER, 1964

* 1964 (*Carniodus carnicus*) WALLISER 1964, S. 32, Taf. 6, Fig. 11, Taf. 28, Fig. 8—11, Tabelle 1, 2.

1965 (*Carniodus carnicus*) MOSTLER 1965a, S. 165.

v. 1967 (*Carniodus carnicus*) FLAJS 1967a, S. 189, 196, Taf. 4, Fig. 4.

1967 (*Carniodus carnicus*) MOSTLER 1967, S. 296.

Holotypus: Das von WALLISER 1964, Taf. 28, Fig. 9, abgebildete Stück Wa 747/3 im Geol.-Paläont. Institut der Universität Marburg a. d. L.

Locus typicus: Karnische Alpen (Cellon).

Stratum typicum: Schicht 11 F, *amorphognathoides*-Zone, Llandovery, Silur.

Verbreitung: Karnische Alpen (Cellon: ? *celloni*- bis *amorphognathoides*-Zone); N. Grauwackenzone (Lachtal: *amorphognathoides*-Zone; Eisenerz: *amorphognathoides*-Zone; Kitzbühler Alpen: *celloni*-Zone).

Carniodus cf. carnicus WALLISER, 1964

1964 (*Carniodus* cf. *carnicus*) WALLISER 1964, Tabelle 2.

Verbreitung: Karnische Alpen (Cellon: *celloni*-Zone).

Carniodus carnulus WALLISER, 1964

* 1964 (*Carniodus carnulus*) WALLISER 1964, S. 32, Abb. 4a—f, Taf. 6, Fig. 10, Taf. 10, Fig. 13, 20, 21, Taf. 27, Fig. 27—38, Taf. 28, Fig. 1, Tabelle 1, 2.

1965 (*Carniodus carnulus*) MOSTLER 1965a, S. 165.

Holotypus: Das von WALLISER 1964, Taf. 27, Fig. 31, abgebildete Stück Wa 953/3 im Geol.-Paläont. Institut der Universität Marburg a. d. L.

Locus typicus: Karnische Alpen (Cellon).

Stratum typicum: Schicht 12 A, *amorphognathoides*-Zone, Wenlock, Silur.

Verbreitung: Karnische Alpen (Cellon: *amorphognathoides*-Zone); N. Grauwackenzone (Lachtal: *amorphognathoides*-Zone).

Carniodus carnus WALLISER, 1964

* 1964 (*Carniodus carnus*) WALLISER 1964, S. 34, Abb. 4y—z, Taf. 5, Fig. 3, Taf. 28, Fig. 2—7, Taf. 10, Fig. 13, Tabelle 1, 2.

1966 (*Carniodus carnus*) MOSTLER 1966b, S. 162.

1967 (*Carniodus carnus*) MOSTLER 1967, S. 296.

Holotypus: Das von WALLISER 1964, Taf. 28, Fig. 2, abgebildete Stück Wa 953/4 im Geol.-Paläont. Institut der Universität Marburg a. d. L.

Locus typicus: Karnische Alpen (Cellon).

Stratum typicum: Schicht 12A, *amorphognathoides*-Zone, Wenlock, Silur.

Verbreitung: Karnische Alpen (Cellon: *celloni*- und *amorphognathoides*-Zone); N. Grauwackenzone (Lachtal-Grundalm: *celloni*-Zone; Kitzbühler Alpen: *celloni*-Zone).

Carniodus eocarnicus WALLISER, 1964

* 1964 (*Carniodus eocarnicus*) WALLISER 1964, S. 34, Taf. 4, Fig. 20, Taf. 28, Fig. 19, 20, Tabelle 1, 2.
  1967 (*Carniodus eocarnicus*) MOSTLER 1967, S. 296.

Holotypus: Das von WALLISER 1964, Taf. 28, Fig. 20, abgebildete Stück Wa 1052/2 im Geol.-Paläont. Institut der Universität Marburg a. d. L.

Locus typicus: Karnische Alpen (Cellon).

Stratum typicum: Schicht 10 H/J, *celloni*-Zone, Llandovery, Silur.

Verbreitung: Karnische Alpen (Cellon: höhere *celloni*-Zone); N. Grauwackenzone (Kitzbühler Alpe: *celloni*-Zone).

Carniodus sp.

1964 (*Carniodus* sp.) WALLISER 1964, S. 35, Taf. 4, Fig. 12, Taf. 29, Fig. 1—4, Tabelle 1,2.

Verbreitung: Karnische Alpen (Cellon: Bereich I).

Genus: *Centrognathodus* BRANSON & MEHL, 1934

Centrognathodus delicatus (BRANSON & MEHL, 1934)

* 1934 (*Centrognathus delicatus*) BRANSON & MEHL 1934a, S. 197, Taf. 14, Fig. 4, 5.
v 1967 (*Centrognathodus delicatus*) PÖLSLER 1967, Tabelle 1.

Verbreitung: Karnische Alpen (Pipeline-Stollen: to II).

Centrognathodus sp.

v 1967 (*Centrognathodus* sp.) PÖLSLER 1967, S. 42.

Verbreitung: Karnische Alpen (Pipeline-Stollen: to I).

Genus: *Chirodella* HIRSCHMANN, 1959

Chirodella triquetra (TATGE, 1956)

* 1956 (*Metalonchodina triquetra*) TATGE 1956, S. 137, Taf. 6, Fig. 5.
v. 1964 (*Chirodella triquetra*) FLÜGEL & PETAK 1964, Tabelle 2, S. 22.
v 1966 (*Chirodella triquetra*) GESSNER 1966, Tabelle 4, Taf. 7, Fig. 7.

Verbreitung: N. Kalkalpen (Klobenwand: Nor; Groß-Reifling: Ladin).

2*

Genus: *Cordylodus* PANDER, 1856

Cordylodus elongatus RHODES, 1953

* 1953 (*Cordylodus elongatus*) RHODES 1953, S. 299, Taf. 21, Fig. 114—118.
v non 1964 (*Cordylodus elongatus*) FLAJS 1964, S. 371, 372 (= *Neoprioniodus* ? *brevirameus*
WALLISER, 1964).

Genus: *Doliognathus* BRANSON & MEHL, 1941

Doliognathus sp.

1959 (*Doliognathus* sp.) MÜLLER 1959, S. 91.
Verbreitung: Karnische Alpen (Grüne Schneid: *Pericyclus*-Stufe).

Genus: *Drepanodus* PANDER, 1856

Drepanodus altipes HENNINGSMOEN, 1948

* 1948 (*Drepanodus altipes*) HENNINGSMOEN 1948, S. 420, Taf. 25, Fig. 14.
v. 1964 (*Drepanodus altipes*) FLAJS 1964, S. 371.
v. 1967 (*Drepanodus altipes*) FLAJS 1967a, S. 191.
Verbreitung: N. Grauwackenzone (Eisenerz: Oberes Ordovicium).

Drepanodus n. sp.

1957 (*Drepanodus* n. sp.) WALLISER 1957, S. 33, Tabelle 1, Taf. 2, Fig. 8, 9, Abb. 1.
Verbreitung: Karnische Alpen (Cellon: *eosteinhornensis*-Zone).

Drepanodus sp.

? 1957 (*Drepanodus* ? sp.) ZIEGLER in FLÜGEL & ZIEGLER 1957, S. 38.
v 1963 (*Drepanodus* sp.) FLAJS in FLAJS, FLÜGEL & HASLER 1963, S. 127.
v 1963 (*Drepanodus*) HASLER in FLAJS, FLÜGEL & HASLER 1963, S. 126.
1966 (*Drepanodus* sp.) MOSTLER 1966c, S. 29.

Verbreitung: Karnische Alpen (Findenig: Ludlow); Grazer Paläozoikum?
(Steinberg: *Goniatites*-Stufe); N. Grauwackenzone (Eisenerz: Gedinne?; Entachen-Alm:
sagitta-Zone?).

Genus: *Elsonella* YOUNGQUIST, 1945

Elsonella prima YOUNGQUIST, 1945

* 1945 (*Elsonella prima*) YOUNGQUIST 1945, S. 358, Taf. 56, Fig. 5.
v 1967 (*Elsonella prima*) PÖLSLER 1967, S. 50.
Verbreitung: Karnische Alpen (Pipeline-Stollen: to III).

Elsonella rhenana LINDSTRÖM & ZIEGLER, 1965

* 1965 (*Elsonella rhenana*) LINDSTRÖM & ZIEGLER 1965, S. 212, Taf. 1, Taf. 2.
v 1967 (*Elsonella rhenana*) PÖLSLER 1967, S. 46.
Verbreitung: Karnische Alpen (Pipeline-Stollen: to I).

Genus: *Enantiognathus* MOSHER & CLARK, 1965

Enantiognathus inversus (SANNEMANN, 1955)

* 1955 (*Apatognathus inversus*) SANNEMANN 1955b, S. 127, Taf. 6, Fig. 18a—c.
  1957 (*Apatognathus inversus*) ZIEGLER in FLÜGEL & ZIEGLER 1957, Tabelle 1.
v 1967 (*Apatognathus inversus*) PÖLSLER 1967, S. 44, Tabelle 1.

Verbreitung: Grazer Paläozoikum (Steinberg: to II); Karnische Alpen (Pipeline-Stollen: to II).

Enantiognathus ziegleri (DIEBEL, 1956)

* 1956 (*Apatognathus ziegleri*) DIEBEL 1956, S. 433, Taf. 5, Fig. 1, 2.
  1958 (*Apatognathus ziegleri*) HUCKRIEDE 1958, S. 146, Taf. 12, Fig. 37.
  1959 (*Apatognathus ziegleri*) HUCKRIEDE 1959a, S. 417.
  1959 (*Apatognathus ziegleri*) HUCKRIEDE 1959b, S. 48.
  1960 (*Apatognathus ziegleri*) TOLLMANN 1960, S. 74.
v. 1964 (*Apatognathus ziegleri*) FLÜGEL & PETAK 1964, Tabelle 2, S. 22.
  1967 (*Enantiognathus ziegleri*) FLÜGEL, E. 1967, S. 94.
  1967 (*Enantiognathus ziegleri*) SCHLAGER 1967, S. 236, 271.

Verbreitung: N. Kalkalpen (Reutte: Pelson; Saalfelden: Pelson/Illyr; Kaisertal: Pelson/Illyr; Stanzertal: Pelson/Illyr; Schiechlingshöhe: Illyr; Lärcheck: Illyr; Flexenpaß: Illyr; Lechtaler Alpen: Illyr; Feuerkogel: Jul, Tuval; Sandling: Jul; Lachalpe: Nor; Schneiderfallkogel: Illyr; Kuhkogel: Karn; Klobenwand: Nor; Eisenspitze: Illyr; Siriuskogel: Sevat; Dachstein: Karn/Nor); S. Kalkalpen (Dobratsch: Illyr).

Enantiognathus sp.

  1959 (*Apatognathus* sp.) HUCKRIEDE 1959b, S. 49.
v 1967 (*Apatognathus* sp.) PÖLSLER 1967, S. 44, Tabelle 1.

Verbreitung: N. Kalkalpen (Kaisertal: Illyr); Karnische Alpen (Pipeline-Stollen: to I, II).

Genus: *Falcodus* HUDDLE, 1934

Falcodus aculeatus SANNEMANN, 1955

* 1955 (*Falcodus aculeatus*) SANNEMANN 1955b, S. 128, Taf. 6, Fig. 14.
  1957 (*Falcodus aculeatus*) ZIEGLER in FLÜGEL & ZIEGLER 1957, Tabelle 1.

Verbreitung: Grazer Paläozoikum (Steinberg: to II).

Falcodus variabilis SANNEMANN, 1955

* 1955 (*Falcodus variabilis*) SANNEMANN 1955b, S. 129, Taf. 4, Fig. 1—4.
  1957 (*Falcodus variabilis*) ZIEGLER in FLÜGEL & ZIEGLER 1957, Tabelle 1.
v 1967 (*Falcodus variabilis*) PÖLSLER 1967, Tabelle 1.

Verbreitung: Grazer Paläozoikum (Steinberg: to II); Karnische Alpen (Pipeline-Stollen: tieferes to II).

Falcodus sp.

v 1967 (*Falcodus* sp.) PÖLSLER 1967, S. 45.

Verbreitung: Karnische Alpen (Pipeline-Stollen: tieferes to II).

Genus: *Gladigondolella* MÜLLER, 1962

Gladigondolella abneptis (HUCKRIEDE, 1958)

* 1958 (*Polygnathus abneptis*) HUCKRIEDE 1958, S. 156, Taf. 11, Fig. 33, Taf. 12, Fig. 30 bis 36, Taf. 14, Fig. 1—3, 5, 12—14, 16—22, 26, 27, 32, 47—58.

1960 (*Polygnathus abneptis*) TOLLMANN 1960, S. 73, 78.

v. 1964 (*Gladigondolella abneptis*) FLÜGEL & PETAK 1964, Tabelle 2, S. 22, 24, 27.

1967 (*Gladigondolella abneptis*) FLÜGEL, E. 1967, S. 94, 95.

1967 (*Gladigondolella abneptis*) SCHLAGER 1967, S. 223, 233, 236, 267, 268, 269, 270, 271, 273, 274.

Holotypus: Das von HUCKRIEDE 1958, Taf. 14, Fig. 16, abgebildete Stück Hu 58/176 im Geol.-Paläont. Institut der Universität Marburg a. d. L.

Locus typicus: N. Kalkalpen (Someraukogel b. Hallstatt).

Stratum typicum: Zone mit *Cyrtopleurites bicrenatus*, Alaun, norische Stufe, Trias.

Verbreitung: N. Kalkalpen (Krabach-Masse: Illyr; Feuerkogel: Jul, Lac, Tuval; Krampener Klause: Karn; Kuhkogel: Karn; Lerchsteinwand: Karn; Klobenwand: Karn; Someraukogel: Alaun; Lachalpe: Nor; Steinbergkogel: Sevat; Taubenstein: Sevat; Siriuskogel: Sevat; Dachstein: Cordevol, Karn, Nor).

Gladigondolella tethydis (HUCKRIEDE, 1958)

* 1958 (*Polygnathus tethydis*) HUCKRIEDE 1958, S. 157, Taf. 11, Fig. 39, 40, Taf. 12, Fig. 1, 38, Taf. 13, Fig. 2—5.

1958 (*Polygnathus tethydis*) HUCKRIEDE in PILGER & SCHÖNENBERG 1958, S. 208.

1959 (*Polygnathus tethydis*) HUCKRIEDE 1959b, S. 49.

1960 (*Polygnathus tethydis*) TOLLMANN 1960, S. 73, 76.

1966 (*Gladigondolella tethydis*) HIRSCH 1966, S. 71.

1967 (*Gladigondolella tethydis*) SCHLAGER 1967, S. 218, 220, 223, 233, 267, 274, 275.

Holotypus: Das von HUCKRIEDE 1958, Taf. 12, Fig. 38a, b, abgebildete Stück Hu 58/141 im Geol.-Paläont. Institut der Universität Marburg a. d. L.

Locus typicus: Feuerkogel am Röthelstein.

Stratum typicum: Jul, Karnische Stufe, Trias.

Verbreitung: N. Kalkalpen (Schiechlingshöhe: Illyr; Saalfelden: Illyr; Flexen-paßstraße: Illyr; Martinswand: Illyr; Krabach-Masse: Illyr, Ladin; Feuerkogel: Jul; Sandling: Jul; Feuerkogel: Tuval, Jul; Lechtaler Alpen: Illyr; Dachstein: Cordevol, Jul, Pelson); S. Kalkalpen (Dobratsch: Illyr).

Gladigondolella sp.

v 1966 (*Gladigondolella* sp.) GESSNER 1966, Tabelle 4, Taf. 8, Fig. 1—3.

Verbreitung: N. Kalkalpen (Groß-Reifling: Anis, Ladin).

Genus: *Gnathodus* PANDER, 1856

Bemerkungen: Arteinteilung und Synonymie der Grazer Formen erfolgte bei *Gnathodus* PANDER nach VOGES 1959.

Gnathodus bilineatus (ROUNDY, 1926)

* 1926 (*Polygnathus bilineata*) ROUNDY 1926, S. 13, Taf. 3, Fig. 10a—c.
? 1957 (*Gnathodus bilineatus bilineatus*) ZIEGLER in FLÜGEL & ZIEGLER 1957, S. 33, 38,
Taf. 3, Fig. 1, 2, Tabelle 2 partim (non Taf. 3, Fig. 3, 7 = *Gnathodus delicatus*
vel *puncatus*; non Taf. 4, Fig. 7 = *Gnathodus punctatus*).
1959 (*Gnathodus bilineatus* sp.) MÜLLER 1959, S. 91, 92, 93.
? 1961 (*Gnathodus bilineatus bilineatus*) FLÜGEL 1961, S. 81 partim.

Verbreitung: Grazer Paläozoikum (Steinberg: cu III); Karnische Alpen (Grüne
Schneid: *Pericyclus*-Stufe).

Gnathodus commutatus (BRANSON & MEHL, 1941)
Gnathodus commutatus commutatus (BRANSON & MEHL, 1941)

* 1941 (*Spathognathodus commutatus*) BRANSON & MEHL 1941a, S. 98, Taf. 19, Fig. 1—4.
? 1957 (*Gnathodus commutatus commutatus*) ZIEGLER in FLÜGEL & ZIEGLER 1957, S. 39,
Taf. 3, Fig. 21, Tabelle 2.
Verbreitung: Grazer Paläozoikum (Steinberg: cu III).

Gnathodus commutatus homopunctatus ZIEGLER, 1960

? 1957 (*Gnathodus commutatus punctatus*) ZIEGLER in FLÜGEL & ZIEGLER 1957, S. 40,
Tabelle 2 partim? (non Taf. 3, Fig. 16 = *Gnathodus punctatus*, Taf. 3, Fig. 17,
24 = *Gnathodus* sp.).
* 1960 (*Gnathodus commutatus homopunctatus*) ZIEGLER 1960, S. 395, Taf. 4, Fig. 3.
? 1961 (*Gnathodus commutatus homopunctatus*) FLÜGEL 1961, S. 81 partim?.
Verbreitung: Grazer Paläozoikum (Steinberg: cu III).

Gnathodus commutatus nodosus BISCHOFF, 1957

* 1957 (*Gnathodus commutatus nodosus*) BISCHOFF 1957, S. 23, Taf. 4, Fig. 12, 13.
1957 (*Gnathodus commutatus nodosus*) ZIEGLER in FLÜGEL & ZIEGLER 1957, S. 40,
Taf. 3, Fig. 4, Tabelle 2.
Verbreitung: Grazer Paläozoikum (Steinberg: cu III).

Gnathodus delicatus BRANSON & MEHL, 1938

* 1938 (*Gnathodus delicatus*) BRANSON & MEHL 1938b, S. 145, Taf. 34, Fig. 25—27.
1957 (*Gnathodus bilineatus bilineatus*) ZIEGLER in FLÜGEL & ZIEGLER 1957, S. 33, 38,
Taf. 3, Fig. 3, 7, Tabelle 2 partim.
1961 (*Gnathodus bilineatus bilineatus*) FLÜGEL 1961, S. 81 partim.
Verbreitung: Grazer Paläozoikum (Steinberg: cu III).

Gnathodus girtyi HASS, 1953

* 1953 (*Gnathodus girtyi*) HASS 1953, S. 80, Taf. 14, Fig. 9—11.
non 1957 (*Gnathodus girtyi*) ZIEGLER in FLÜGEL & ZIEGLER 1957, S. 32, 33, 40, Taf. 3,
Fig. 6, 9—13, 20, Tabelle 2 (= *Gnathodus texanus*).

Gnathodus punctatus (COOPER, 1939)

* 1939 (*Dryphenotus punctatus*) COOPER 1939, S. 386, Taf. 41, Fig. 42, 43, Taf. 42, Fig. 10, 11.
  1957 (*Gnathodus bilineatus bilineatus*) ZIEGLER in FLÜGEL & ZIEGLER 1957, S. 33, 38, Taf. 4, Fig. 7, Tabelle 2 partim.
  1957 (*Gnathodus commutatus punctatus*) ZIEGLER in FLÜGEL & ZIEGLER 1957, Taf. 3, Fig. 16, Tabelle 2 partim.
  1961 (*Gnathodus bilineatus bilineatus*) FLÜGEL 1961, S. 81 partim.
  1961 (*Gnathodus commutatus punctatus*) FLÜGEL 1961, S. 81 partim.

Verbreitung: Grazer Paläozoikum (Steinberg: cu II γ, cu III).

Gnathodus semiglaber (BISCHOFF, 1957)

* 1957 (*Gnathodus bilineatus semiglaber*) BISCHOFF 1957, S. 22, Taf. 3, Fig. 1—10, 12, 14.
? 1957 (*Gnathodus bilineatus semiglaber*) ZIEGLER in FLÜGEL & ZIEGLER, S. 39 partim?, Tabelle 2 partim? (non Taf. 3, Fig. 14, 19, 22, 23 = *Gnathodus texanus*, Taf. 3, Fig. 5, 8, Taf. 4, Fig. 11 = *Gnathodus* sp.).
? 1961 (*Gnathodus bilineatus semiglaber*) FLÜGEL 1961, S. 81 partim?
v 1967 (*Gnathodus bilineatus semiglaber*) KODSI 1967, S. 418, 419.

Verbreitung: Grazer Paläozoikum (Steinberg: cu II γ, cu III); Kanzel: cu II).

Gnathodus texanus ROUNDY, 1926

* 1926 (*Gnathodus texanus*) ROUNDY 1926, S. 12, Taf. 2, Fig. 7a, b, 8a, b.
  1957 (*Gnathodus bilineatus semiglaber*) ZIEGLER in FLÜGEL & ZIEGLER 1957, S. 32, 33, 39, Taf. 3, Fig. 14, 19, 22, 23, Tabelle 2 partim.
  1957 (*Gnathodus girtyi*) ZIEGLER in FLÜGEL & ZIEGLER 1957, S. 32, 33, 40, Taf. 3, Fig. 6, 9—13, 20, Tabelle 2.
  1957 (*Gnathodus texanus*) ZIEGLER in FLÜGEL & ZIEGLER 1957, S. 33, 41, Taf. 2, Fig. 16—18, Taf. 3, Fig. 15, 18, ? Taf. 4, Fig. 1, Tabelle 2.
  1959 (*Gnathodus texanus*) MÜLLER 1959, S. 91, 92.
  1961 (*Gnathodus bilineatus semiglaber*) FLÜGEL 1961, S. 81 partim.
v. 1965 (*Gnathodus texanus*) FLAJS & PÖLSLER 1965, S. 307.
v 1967 (*Gnathodus texanus*) KODSI 1967, S. 418, 419.
v 1967 (*Gnathodus texanus*) PÖLSLER 1967, S. 40.
v? 1967 (*Gnathodus texanus* ?) KODSI 1967, S. 418.

Verbreitung: Grazer Paläozoikum (Steinberg: cu II γ, cu III; Kanzel: *anchoralis*-Zone); Karnische Alpen (Pipeline-Stollen: cu II β; Grüne Schneid: *Pericyclus*-Stufe).

Gnathodus sp.

  1957 (*Gnathodus bilineatus semiglaber*) ZIEGLER in FLÜGEL & ZIEGLER 1957, S. 32, 33, 38, Taf. 3, Fig. 5, 8, Taf. 4, Fig. 11, Tabelle 2 partim.
  1957 (*Gnathodus commutatus punctatus*) ZIEGLER in FLÜGEL & ZIEGLER 1957, Taf. 3, Fig. 17, 24, Tabelle 2 partim.
  1961 (*Gnathodus bilineatus semiglaber*) FLÜGEL 1961, S. 81 partim.
  1961 (*Gnathodus commutatus punctatus*) FLÜGEL 1961, S. 81 partim.
  1965 (*Gnathodus* sp.) SCHULZE in SCHÖNENBERG 1965, S. 31.
v 1967 (*Gnathodus* sp.) KODSI 1967, S. 419.

Verbreitung: Grazer Paläozoikum (Steinberg: cu II γ, cu III; Kanzel: *anchoralis*-Zone); Karawanken (Seeberg-Sattel: cu).

Genus: *Gondolella* STAUFFER & PLUMMER, 1932

Gondolella cf. carinata CLARK, 1959

* cf. 1959 (*Gondolella carinata*) CLARK 1959, S. 308, Taf. 44, Fig. 15—19.
   1967 (*Gondolella cf. carinata*) SCHLAGER 1967, S. 272
   Verbreitung: N. Kalkalpen (Dachstein: Ladin?).

Gondolella mombergensis TATGE, 1956

* 1956 (*Gondolella mombergensis*) TATGE 1956, S. 132, Taf. 6, Fig. 1, 2.
  1958 (*Gondolella mombergensis*) HUCKRIEDE 1958, S. 147, Taf. 10, Fig. 42, 43, 45.
  1960 (*Gondolella mombergensis*) TOLLMANN 1960, S. 76.
v 1966 (*Gondolella mombergensis*) GESSNER 1966, S. 707, Tabelle 4, Taf. 7, Fig. 1—5.
  1967 (*Gondolella mombergensis*) SCHLAGER 1967, S. 274.

   Verbreitung: N. Kalkalpen (Reutte a. Lech: Pelson; Groß-Reifling: Anis/Ladin, Feuerkogel: Jul; Dachstein: Ladin).

Gondolella navicula HUCKRIEDE, 1958

* 1958 (*Gondolella navicula*) HUCKRIEDE 1958, S. 147, Taf. 11, Fig. 1—4, 13—19, 27, 35, Taf. 12, Fig. 2—8, 10, 15—22, 24—27, Taf. 14, Fig. 28—31.
  1958 (*Gondolella navicula*) HUCKRIEDE in PILGER & SCHÖNENBERG 1958, S. 208.
  1959 (*Gondolella navicula*) HUCKRIEDE 1959a, S. 417.
  1959 (*Gondolella navicula*) HUCKRIEDE 1959b, S. 47, 48, 49, 52.
  1960 (*Gondolella navicula*) TOLLMANN 1960, S. 73, 74, 76.
  1960 (*Gondolella navicula*) KRISTAN-TOLLMANN 1960, S. 54.
v. 1964 (*Gondolella navicula*) FLÜGEL & PETAK 1964, S. 22, Tabelle 2.
  1966 (*Gondolella navicula*) HIRSCH 1966, S. 19, 50.
v 1966 (*Gondolella navicula*) GESSNER 1966, Tabelle 4.
v. 1966 (*Gondolella navicula*) FLÜGEL 1966, S. 266.
  1967 (*Gondolella navicula*) FLÜGEL E., 1967, S. 94, 95.
  1967 (*Gondolella navicula*) SCHLAGER 1967, S. 218, 220, 223, 234, 236, 240, 267, 268, 269, 270, 271, 272, 273, 274, 275.

   Holotypus: Das von HUCKRIEDE 1958, Taf. 12, Fig. 10a—c, abgebildete Stück Hu 8/112 im Geol.-Paläont. Institut der Universität Marburg a. d. L.
   Locus typicus: N. Kalkalpen (Feuerkogel am Röthelstein).
   Stratum typicum: Zone des *Trachyceras austriacum*, Jul, Karnische Stufe, Trias.
   Verbreitung: N. Kalkalpen (Reutte a. Lech: Pelson; Öfenbachtal b. Saalfelden: Pelson/Illyr; Kaisersteinspitze: Pelson/Illyr; Zahnköpfl: Pelson/Illyr; Schiechlingshöhe: Illyr; Lärcheck: Illyr; Hinterseejöchl: Illyr; Kaisertal: Illyr; Martinswand: Illyr; Stierrücken: Illyr, Ladin; Griestöbler: Ladin; Stanzertal: Ladin; Alpl b. Neuberg a. d. M.: Ladin; Feuerkogel a. Röthelstein: Jul; Sandling: Jul; Krampener Klause: Nor; Someraukogel: Nor; Röthelwand b. Lachalpe: Nor; Steinbergkogel: Sevat; Siriuskogel: Sevat; Groß-Reifling: Anis/Ladin; Pötschen: Nor; Kuhkogel: Karn; Lerchsteinwand: Karn; Klobenwand: Nor; Jägerlärche/Lechtaler: Ladin; Rhätikon: Anis/Ladin; Flexenpaß: Anis/Ladin; Lech: Anis/Ladin; Karwendel: Anis/Ladin; Arlberg: Anis/Ladin; Dachstein: Ladin—Nor); S. Kalkalpen (Dobratsch: Illyr); Trias-Geröll im Gams-Konglomerat.

Gondolella palata BENDER IN BENDER & KOCKEL, 1963

1963 (*Gondolella palata*) BENDER IN BENDER & KOCKEL 1963, Taf. 1 (nom. nud.).
1967 (*Gondolella palata*) SCHLAGER 1967, S. 223, 267, 273, 274.
Verbreitung: N. Kalkalpen (Dachstein: Ladin).

Genus: *Hadrognathus* WALLISER, 1964

Gattungstypus: *Hadrognathus staurognathoides* WALLISER, 1964

Hadrognathus staurognathoides WALLISER, 1964

* 1964 (*Hadrognathus staurognathoides*) WALLISER 1964, S. 35, Taf. 5, Fig. 2, Taf. 13,
       Fig. 6—15, Tabelle 1, 2.
1965 (*Hadrognathus staurognathoides*) MOSTLER 1965a, S. 165.
1967 (*Hadrognathus staurognathoides*) MOSTLER 1967, S. 296.

Holotypus: Das von WALLISER 1964, Taf. 13, Fig. 7, abgebildete Stück Wa 744/8
im Geol.-Paläont. Institut der Universität Marburg a. d. L.
Locus typicus: Karnische Alpen (Cellon).
Stratum typicum: Schicht 11 c, *amorphognathoides*-Zone, Llandovery, Silur.
Verbreitung: Karnische Alpen (Cellon: *celloni-* und *amorphognathoides*-Zone);
N. Grauwackenzone (Lachtal-Grundalm: *amorphognathoides*-Zone; Kitzbühler Alpen:
celloni-Zone).

Hadrognathus aff. *staurognathoides* WALLISER, 1964

1964 (*Hadrognathus* aff. *staurognathoides*) WALLISER 1964, Tabelle 2.
Verbreitung: Karnische Alpen (Cellon: *celloni*-Zone).

Genus: *Hindeodella* ULRICH & BASSLER, 1926

Hindeodella austinensis STAUFFER, 1940

* 1940 (*Hindeodella austinensis*) STAUFFER 1940, S. 424, Taf. 58, Fig. 3—7, 9.
v. 1966 (*Hindeodella austinensis*) FLAJS 1966, Tabelle S. 125.
v 1967 (*Hindeodella austinensis*) PÖLSLER 1967, S. 46.

Verbreitung: Grazer Paläozoikum (Kanzel: Givet-Stufe); Karnische Alpen
(Pipeline-Stollen: Eifel-Stufe).

Hindeodella deflecta HIBBARD, 1927

* 1927 (*Hindeodella deflecta*) HIBBARD 1927, S. 207, Abb. 4c.
1957 (*Hindeodella deflecta*) ZIEGLER in FLÜGEL & ZIEGLER 1957, Tabelle 1.

Verbreitung: Grazer Paläozoikum (Steinberg: *crepida crepida*-Zone, *velifera*-
Zone).

Hindeodella equidentata RHODES, 1953

* 1953 (*Hindeodella equidentata*) RHODES 1953, S. 303, Taf. 23, Fig. 248, 252—254.
1957 (*Hindeodella equidentata*) WALLISER 1957, Tabelle 1, S. 34.
1960 (*Hindeodella equidentata*) WALLISER in FLÜGEL 1960, S. 119.
1961 (*Hindeodella equidentata*) WALLISER in FLÜGEL 1961, S. 36.
1962 (*Hindeodella equidentata*) WALLISER 1962, S. 282, Fig. 1, Nr. 8.

v. 1963 (*Hindeodella equidentata*) FLAJS in FLAJS, FLÜGEL & HASLER 1963, S. 126.
1964 (*Hindeodella equidentata*) MOSTLER 1964, S. 225.
1964 (*Hindeodella equidentata*) WALLISER 1964, S. 36, Tabelle 1.
v. 1964 (*Hindeodella equidentata*) FLAJS 1964, S. 373.
v. 1966 (*Hindeodella equidentata*) FLAJS in FLAJS & GRÄF 1966, S. 172.
1966 (*Hindeodella equidentata*) MOSTLER 1966b, S. 166, 167.
1966 (*Hindeodella equidentata*) MOSTLER 1966c, S. 25.
v 1967 (*Hindeodella equidentata*) PÖLSLER 1967, S. 47, 48.
v. 1967 (*Hindeodella equidentata*) FLAJS 1967a, S. 168, 170, 171, 172, 173, 174, 176, 178, 179, 180, 181, 189.
v. 1967 (*Hindeodella equidentata*) FLAJS 1967b, S. 127.

Verbreitung: Karnische Alpen (Rauchkofel: *alticola*-Kalk; Cellon: *sagitta*-Zone bis Unter-Devon; Pipeline-Stollen: Ludlow-Unter-Devon); Grazer Paläozoikum (Laufnitzdorf: Ludlow); N. Grauwackenzone (Eisenerz: Ludlow-Unter-Devon; Schwazer Dolomit: Unter-Devon; Lachtal-Grundalm: *sagitta*-Zone; Entachen-Alm: Ludlow-Unter-Ems); Ludlow-Geröll der Kainacher Gosau.

Hindeodella cf. *equidentata* RHODES, 1953

v 1964 (*Hindeodella* cf. *equidentata*) FLAJS 1964, S. 373.
1964 (*Hindeodella* cf. *equidentata*) WALLISER 1964, Tabelle 2.

Verbreitung: N. Grauwackenzone (Eisenerz: Ludlow); Karnische Alpen (Cellon: *eosteinhornensis*-Zone).

Hindeodella sp. ex aff. *H. equidentada* RHODES, 1953

1963 (*Hindeodella* sp., ex aff. *H. equidentata*) WALLISER in CLAR, FRITSCH, MEIXNER, PILGER & SCHÖNENBERG 1963, S. 30.
Verbreitung: Mittel-Kärnten (Klein St. Paul: Wenlock—Unter-Ems).

Hindeodella germana HOLMES, 1928

* 1928 (*Hindeodella germana*) HOLMES 1928, S. 25, Taf. 9, Fig. 9.
1957 (*Hindeodella germana*) ZIEGLER in FLÜGEL & ZIEGLER 1957, S. 41, Taf. 5, Fig. 16, Tabelle 1, 2.
v 1967 (*Hindeodella germana*) SKALA 1967, S. 218.
v 1967 (*Hindeodella germana*) PÖLSLER 1967, Tabelle 1.

Verbreitung: Grazer Paläozoikum (Steinberg: Adorf-Stufe, *crepida crepida*-Zone, *velifera*-Zone, *styriaca*-Zone, cu II γ); Karnische Alpen (Pipeline-Stollen: to II; Poludnig: to III).

Hindeodella ibergensis BISCHOFF, 1957

* 1957 (*Hindeodella ibergensis*) BISCHOFF 1957, S. 28, Taf. 6, Fig. 33, 37, 39.
1957 (*Hindeodella ibergensis*) ZIEGLER in FLÜGEL & ZIEGLER 1957, S. 42, Taf. 5, Fig. 14, 21, Tabelle 2.
Verbreitung: Grazer Paläozoikum (Steinberg: cu II γ, cu III).

Hindeodella multihamata HUCKRIEDE, 1958

* 1958 (*Hindeodella multihamata*) HUCKRIEDE 1958, S. 148, Taf. 10, Fig. 52, 53, Taf. 12, Fig. 23.
v 1966 (*Hindeodella multihamata*) GESSNER 1966, Tabelle 4, Taf. 7, Fig. 8.
? 1967 (*Hindeodella multihamata?*) FLÜGEL, E. 1967, S. 94.

Holotypus: Das von HUCKRIEDE 1958, Taf. 10, Fig. 52, abgebildete Stück Hu 58/52 im Geol.-Paläont. Institut der Universität Marburg a. d. L.

Locus typicus: Schiechlingshöhe bei Hallstatt.

Stratum typicum: Schreyeralmkalk, Illyr, Anisische Stufe, Trias.

Verbreitung: N. Kalkalpen (Schiechlingshöhe: Illyr; Martinswand: Illyr; Feuerkogel: Jul; Siriuskogel: Sevat; Groß-Reifling: Ladin).

Hindeodella petraeviridis HUCKRIEDE, 1958

* 1958 (*Hindeodella petrae-viridis*) HUCKRIEDE 1958, S. 149, Taf. 11, Fig. 46, Taf. 13, Fig. 7—9, 11, 12, 14, Taf. 14, Fig. 6, 7.
1959 (*Hindeodella petraeviridis*) HUCKRIEDE 1959b, S. 47, 49.
v. 1964 (*Hindeodella petraeviridis*) FLÜGEL & PETAK 1964, Tabelle 2, S. 22.
v 1966 (*Hindeodella petraeviridis*) GESSNER 1966, Tabelle 4, Taf. 7, Fig. 10.
v. 1966 (*Hindeodella petraeviridis*) FLÜGEL 1966, S. 266.

Holotypus: Das von HUCKRIEDE 1958, Taf. 14, Fig. 6, abgebildete Stück Hu 58/166 im Geol.-Paläont. Institut der Universität Marburg a. d. L.

Locus typicus: N. Kalkalpen (Feuerkogel am Röthelstein).

Stratum typicum: Tuval, Karn, Trias.

Verbreitung: N. Kalkalpen (Schiechlingshöhe: Illyr; Saalfelden: Illyr; Öfen-bachgraben: Illyr; Flexenpaßstraße: Illyr; Lechtaler Alpen: Illyr; Martinswand: Illyr; Krabachmasse: Illyr; Kaisertal: Ladin; Almajurtal: Ladin; Griestöbler: Ladin; Stier-rücken: Ladin; Stanzertal: Ladin; Feuerkogel: Jul, Tuval; Kaisertal: Illyr; Kuhkogel: Karn; Groß-Reifling: Ladin); S. Kalkalpen (Dobratsch: Illyr); Trias-Geröll im Gams-Konglomerat.

Hindeodella priscilla STAUFFER, 1938

* 1938 (*Hindeodella priscilla*) STAUFFER 1938, S. 429, Taf. 50, Fig. 6.
v. 1963 (*Hindeodella* n. sp.) FLAJS in FLAJS, FLÜGEL & HASLER 1963, S. 127.
1964 (*Hindeodella priscilla*) WALLISER 1964, S. 36, Tabelle 1, 2.
v. 1967 (*Hindeodella priscilla*) FLAJS 1967a, S. 169.

Verbreitung: N. Grauwackenzone (Eisenerz: Unter-Devon); Karnische Alpen (Cellon: *eosteinhornensis*-Zone bis Unter-Devon).

Hindeodella cf. *priscilla* STAUFFER, 1938

1962 (*Hindeodella* cf. *priscilla*) WALLISER in ERBEN, FLÜGEL & WALLISER 1962, S. 76.
1964 (*Hindeodella* cf. *priscilla*) WALLISER 1964, Tabelle 2.

Verbreitung: Karnische Alpen (Blockschutt der Seewarte: Ems; Cellon: *eostein-hornensis*-Zone).

Hindeodella segaformis BISCHOFF, 1957

* 1957 (*Hindeodella segaformis*) BISCHOFF 1957, S. 28, Taf. 5, Fig. 40, 41, 43.
1957 (*Hindeodella segaformis*) ZIEGLER in FLÜGEL & ZIEGLER, S. 32, 42, Taf. 5, Fig. 15, Tabelle 2.
1959 (*Hindeodella segaformis*) MÜLLER 1959, S. 91, 92.
v 1967 (*Hindeodella segaformis*) KODSI 1967, S. 419.

Verbreitung: Grazer Paläozoikum (Steinberg: cu II γ, Kanzel: cu II: *anchoralis*-Zone); Karnische Alpen (*Pericyclus*-Stufe).

Hindeodella similis ULRICH & BASSLER, 1926

* 1926 (*Hindeodella similis*) ULRICH & BASSLER 1926, S. 39, Taf. 8, Fig. 20.
  1957 (*Hindeodella similis*) ZIEGLER in FLÜGEL & ZIEGLER 1957, S. 43, Tabelle 2.

Verbreitung: Grazer Paläozoikum (Steinberg: cu II γ, cu III).

Hindeodella subtilis ULRICH & BASSLER, 1926

* 1926 (*Hindeodella subtilis*) ULRICH & BASSLER 1926, S. 16, 17, 38—40, Taf. 8, Fig. 17
    bis 19, Abb. 4/3.
v 1967 (*Hindeodella subtilis*) PÖLSLER 1967, S. 42.

Verbreitung: Karnische Alpen (Pipeline-Stollen: to I).

Hindeodella triassica MÜLLER, 1956

* 1956 (*Hindeodella triassica*) MÜLLER 1956, S. 826, Taf. 96, Fig. 4, 5.
  1958 (*Hindeodella triassica*) HUCKRIEDE 1958, S. 149, Taf. 10, Fig. 48, 50, Taf. 14,
    Fig. 8.
  1959 (*Hindeodella triassica*) HUCKRIEDE 1959a, S. 417.
v. 1964 (*Hindeodella triassica*) FLÜGEL & PETAK 1964, Tabelle 2, S. 22.
v. 1965 (*Hindeodella triassica*) FLÜGEL 1965, S. 33.
v 1966 (*Hindeodella triassica*) GESSNER 1966, Tabelle 4, Taf. 7, Fig. 6, 16.
v. 1966 (*Hindeodella triassica*) FLÜGEL 1966, S. 266.
  1967 (*Hindeodella triassica*) FLÜGEL, E. 1967, S. 94.

Verbreitung: N. Kalkalpen (Stanzertal: Pelson/Illyr; Lärcheck: Illyr; Saalfelden: Illyr; Krabach-Masse: Ladin; Feuerkogel: Jul, Tuval; Someraukogel: *Cyrtopleurites*-Zone; Steinbergkogel: Sevat; Taubenstein: Sevat; Siriuskogel: Sevat; Kuhkogel: Karn; Klobenwand: Karn; Groß-Reifling: Anis, Ladin); Trias-Geröll im Gams-Konglomerat; S. Kalkalpen (Kühweger Köpfl: Campiler Schichten).

Hindeodella undata BRANSON & MEHL, 1941

* 1941 (*Hindeodella undata*) BRANSON & MEHL 1941b, S. 169, Taf. 5, Fig. 3.
  1957 (*Hindeodella undata*) ZIEGLER in FLÜGEL & ZIEGLER 1957, S. 33, 43, Taf. 5,
    Fig. 18, Tabelle 2.
v 1967 (*Hindeodella undata*) KODSI 1967, S. 419.

Verbreitung: Grazer Paläozoikum (Steinberg: cu III; Kanzel: cu II: *anchoralis*-Zone).

Hindeodella aff. undata BRANSON & MEHL, 1941

1959 (*Hindeodella* aff. *undata*) MÜLLER 1959, S. 92.

Verbreitung: Karnische Alpen (Grüne Schneid: *Pericyclus*-Stufe).

Hindeodella n. sp.

1964 (*Hindeodella* n. sp.) WALLISER 1964, S. 36, Taf. 7, Fig. 16, Taf. 32, Fig. 25, 28, 30, Tabelle 1.

Verbreitung: Karnische Alpen (Cellon: *ploeckensis*-Zone, *crispus*-Zone).

Hindeodella sp. A GESSNER, 1966

v 1966 (*Hindeodella* sp. A) GESSNER 1966, Taf. 7, Fig. 9.

Verbreitung: N. Kalkalpen (Groß-Reifling: Reiflinger Kalk).

Hindeodella sp. B GESSNER, 1966

v 1966 (*Hindeodella* sp. B) GESSNER 1966, Taf. 7, Fig. 11—12.

Verbreitung: N. Kalkalpen (Groß-Reifling: Reiflinger Kalk).

Hindeodella sp. B HUCKRIEDE, 1958

1958 (*Hindeodella* sp. B) HUCKRIEDE 1958, S. 150, Taf. 14, Fig. 10.

Verbreitung: N. Kalkalpen (Feuerkogel: Tuval).

Hindeodella sp.

1959 (*Hindeodella* sp. sp.) MÜLLER 1959, S. 92.
1962 (*Hindeodella* sp.) WALLISER in ERBEN, FLÜGEL & WALLISER 1962, S. 76.
1963 (*Hindeodella* sp. indet.) WIRTH in CLAR, FRITSCH, MEIXNER, PILGER & SCHÖNEN-
BERG 1963, S. 31.
v 1964 (*Hindeodella* sp.) FLAJS in FLÜGEL 1964a, S. 744.
1964 (*Hindeodella* sp.) WALLISER 1964, S. 36, Taf. 32, Fig. 29, Tabelle 1, 2.
1964 (*Hindeodella* cf. sp.) WALLISER 1964, Tabelle 2.
1965 (*Hindeodella* sp. indet.) MOSTLER 1965a, S. 163.
1966 (*Hindeodella* sp. indet.) MOSTLER 1966b, S. 157.
1967 (*Hindeodella* sp.) MOSTLER 1967, S. 296.
v 1967 (*Hindeodella* sp.) PÖLSLER 1967, S. 47, 48, 49, Tabelle 1.
1967 (*Hindeodella* div. sp.) SCHLAGER 1967, S. 223, 273, 274, 275.

Verbreitung: Karnische Alpen (Grüne Schneid: *Pericyclus*-Stufe; Cellon: *celloni-*, *patula-* bis *crassa-*, *crispus*-Zone; Blockschutt der Seewarte: Ems; Pipeline-Stollen: Ludlow-to); Mittel-Kärnten (Moränenblock bei Winkl: Ems; Klein St. Paul: *rhomboidea*-Zone); N. Grauwackenzone (Kitzbühler Alpen: *celloni*-Zone; Lachtal-Grundalm: Wenlock; Silur ?); N. Kalkalpen (Dachstein: Cordevol).

Genus: *Icriodina* BRANSON & BRANSON, 1947

Icriodina irregularis BRANSON & BRANSON, 1947

* 1947 (*Icriodina irregularis*) BRANSON & BRANSON 1947, S. 551, Taf. 81, Fig. 3—11,
18, 19.
. 1962 (*Icriodina*) WALLISER 1962, S. 282, Fig. 1, Nr. 2.
. 1964 (*Icriodina irregularis*) WALLISER 1964, S. 37, Taf. 4, Fig. 3, Taf. 11, Fig. 10—12,
Tabelle 1, 2.

Verbreitung: Karnische Alpen (Cellon: Bereich I).

Genus: *Icriodus* BRANSON & MEHL, 1934

Icriodus alternatus BRANSON & MEHL, 1934

* 1934 (*Icriodus alternatus*) BRANSON & MEHL 1934a, S. 225, Taf. 13, Fig. 4—6.
v 1967 (*Icriodus alternatus*) PÖLSLER 1967, S. 42, 46, Tabelle 1.

Verbreitung: Karnische Alpen (Pipeline-Stollen: to I, II);

Icriodus cornutus SANNEMANN, 1955

* 1955 (*Icriodus cornutus*) SANNEMANN 1955b, S. 130, Taf. 4, Fig. 19—21.
  1957 (*Icriodus cornutus*) ZIEGLER in FLÜGEL & ZIEGLER 1957, S. 30, Tabelle 1.
v 1967 (*Icriodus cornutus*) PÖLSLER 1967, S. 44, Tabelle 1.

Verbreitung: Grazer Paläozoikum (Steinberg: *quadrantinodosa*-Zone); Karnische Alpen (Pipeline-Stollen: to II).

Icriodus curvatus BRANSON & MEHL, 1938

* 1938 (*Icriodus curvatus*) BRANSON & MEHL 1938a, S. 162, Taf. 26, Fig. 23—26.
  1957 (*Icriodus curvatus*) ZIEGLER in FLÜGEL & ZIEGLER 1957, Tabelle 1.
v. 1966 (*Icriodus curvatus*) FLAJS 1966, Tabelle S. 125.
v 1967 (*Icriodus curvatus*) SKALA 1967, S. 218.

Verbreitung: Grazer Paläozoikum (Steinberg: to I; Kanzel: Givet, to I); Karnische Alpen (Poludnig: to I).

Icriodus cymbiformis BRANSON & MEHL, 1938

* 1938 (*Icriodus cymbiformis*) BRANSON & MEHL 1938a, S. 164, Taf. 26, Fig. 27—29.
v 1967 (*Icriodus cymbiformis*) PÖLSLER 1967, S. 46.

Verbreitung: Karnische Alpen (Pipeline-Stollen: to I).

Icriodus latialatus WALLISER, 1964

  1962 (*Icriodus* n. sp. a) WALLISER 1962, S. 283, Fig. 1, Nr. 26.
* 1964 (*Icriodus latialatus*) WALLISER 1964, S. 38, Taf. 9, Fig. 1, Taf. 11, Fig. 13, Tabelle 1, 2.

Holotypus: Das von WALLISER 1964, Taf. 11, Fig. 13, abgebildete Stück Wa 527/1 im Geol.-Paläont. Institut der Universität Marburg a. d. L.

Locus typicus: Karnische Alpen (Cellon).

Stratum typicum: Schicht 27, *latialatus*-Zone, Ludlow, Silur.

Verbreitung: Karnische Alpen (Cellon: *latialatus*-Zone).

Icriodus nodosus (HUDDLE, 1934)

* 1934 (*Gondolella?* *nodosa*) HUDDLE 1934, S. 94, Taf. 8, Fig. 24, 25.
  1957 (*Icriodus nodosus*) ZIEGLER in FLÜGEL & ZIEGLER 1957, Tabelle 1.
  1961 (*Icriodus nodosus*) FLÜGEL 1961, S. 49.
v 1966 (*Icriodus nodosus*) FLAJS 1966, Tabelle S. 125.
v 1967 (*Icriodus nodosus*) PÖLSLER 1967, S. 46.
v 1967 (*Icriodus nodosus*) SKALA 1967, S. 218.

Verbreitung: Grazer Paläozoikum (Steinberg: *crepida crepida*-Zone; Kanzel: Givet-Stufe bis to I; Plabutsch: tm); Karnische Alpen (Pipeline-Stollen: Eifel-Stufe; Poludnig: to I).

Icriodus symmetricus BRANSON & MEHL, 1934

* 1934 (*Icriodus symmetricus*) BRANSON & MEHL 1934a, S. 226, Taf. 13, Fig. 1—3.

  1957 (*Icriodus symmetricus*) ZIEGLER in FLÜGEL & ZIEGLER 1957, Tabelle 1.

v. 1966 (*Icriodus symmetricus*) FLAJS 1966, Tabelle S. 125.

Verbreitung: Grazer Paläozoikum (Steinberg: *crepida crepida*-Zone; Kanzel: Givet-Stufe bis to I).

Icriodus woschmidti ZIEGLER, 1960

* 1960 (*Icriodus woschmidti*) ZIEGLER 1960b, S. 185, Taf. 15, Fig. 16—18, 20—22.

. 1962 (*Icriodus woschmidti*) WALLISER 1962, S. 274, Abb. 1, Nr. 34.

. 1964 (*Icriodus woschmidti*) WALLISER 1964, S. 38, Taf. 11, Fig. 14—22, Tabelle 1, 2.

  1964 (*Icriodus woschmidti*) SCHULZE 1964, S. 109.

  1965 (*Icriodus woschmidti*) SCHULZE in SCHÖNENBERG 1965, S. 30.

  1965 (*Icriodus woschmidti*) MOSTLER 1965b, S. 38.

  1967 (*Icriodus woschmidti*) PÖLSLER 1967, S. 48.

Verbreitung: Karnische Alpen (Cellon: *woschmidti*-Zone; Pipeline-Stollen: *woschmidti*-Zone); Karawanken (Seebergsattel: *woschmidti*-Zone); N. Grauwackenzone (Schwazer Dolomit: *woschmidti*-Zone).

Icriodus n. sp.

v 1967 (*Icriodus* n. sp.) FLAJS 1967a, S. 169, 199, 200, Abb. 4, Taf. 5, Fig. 9.

Verbreitung: N. Grauwackenzone (Eisenerz: Unter-Devon).

Icriodus sp.

  1961 (*Icriodus* sp.) WALLISER in FLÜGEL 1961, S. 36.

v 1967 (*Icriodus* sp.) FLAJS 1967a, S. 176, 188, 198, 199.

Verbreitung: Grazer Paläozoikum (Laufnitzdorf: Ludlow); N. Grauwackenzone (Eisenerz: to).

Genus: *Keislognathus* RHODES, 1955

Keislognathus ? n. sp.

v. 1964 (? *Keislognathus* n. sp.) FLAJS 1964, S. 371.

Verbreitung: N. Grauwackenzone (Eisenerz: Oberes Ordovicium).

Bemerkungen: Das Exemplar ist in Verlust geraten.

Genus: *Kockelella* WALLISER, 1957

Kockelella patula WALLISER, 1964

* 1964 (*Kockelella patula*) WALLISER 1964, S. 39, Taf. 7, Fig. 2, Taf. 15, Fig. 16—25, Tabelle 1, 2.

Holotypus: Das von WALLISER 1964, Taf. 15, Fig. 16, abgebildete Stück Wa 956/2 im Geol.-Paläont. Institut der Universität Marburg a. d. L.

Locus typicus: Karnische Alpen (Cellon).

Stratum typicum: Schicht 12 D, *patula*-Zone, Wenlock, Silur.

Verbreitung: Karnische Alpen (Cellon: *patula*-Zone).

Kockelella variabilis WALLISER, 1957

* 1957 (*Kockelella variabilis*) WALLISER 1957, S. 35, Tabelle 1, Taf. 1, Fig. 3—10.
  1962 (*Kockelella*) WALLISER 1962, S. 283, Fig. 1, Nr. 24.
v. 1963 (*Kockelella variabilis*) HASLER in FLAJS, FLÜGEL & HASLER 1963, S. 125.
v. 1963 (*Kockelella variabilis*) FLAJS in FLAJS, FLÜGEL & HASLER 1963, S. 126.
v. 1964 (*Kockelella variabilis*) FLAJS 1964, S. 373.
v. 1964 (*Kockelella variabilis*) FLAJS in FLÜGEL 1964b, S. 418.
  1964 (*Kockelella variabilis*) WALLISER 1964, S. 40, Taf. 16, Fig. 1, 2, 4—15, Tabelle 1, 2.
v. 1967 (*Kockelella variabilis*) FLAJS 1967a, S. 170, 179, 197, Taf. 4, Fig. 15a, b, Taf. 5, Fig. 1.
v. 1967 (*Kockelella variabilis*) FLAJS 1967b, S. 127, 128.
v. 1967 (*Kockelella variabilis*) PÖLSLER 1967, S. 49.

Verbreitung: Karnische Alpen (Cellon: *crassa-* bis *siluricus*-Zone; Findenigkofel: *crassa-* bis *siluricus*-Zone; Pipeline-Stollen: tieferes Ludlow); N. Grauwackenzone (Eisenerz: *crassa-* bis *siluricus*-Zone).

Kockelella cf. *variabilis* WALLISER, 1957

1964 (*Kockelella* cf. *variabilis*) WALLISER 1964, Tabelle 2.
Verbreitung: Karnische Alpen (Cellon: *siluricus*-Zone).

Genus: *Latericriodus* MÜLLER, 1962

Latericriodus latericrescens (BRANSON & MEHL, 1938)

Latericriodus latericrescens bilatericrescens (ZIEGLER, 1956)

* 1956 (*Icriodus latericrescens bilatericrescens*) ZIEGLER 1956, S. 101, Taf. 6, Fig. 6—13.
  1964 (*Icriodus latericrescens bilatericrescens*) SCHULZE 1964, S. 109.
v 1967 (*Icriodus latericrescens bilatericrescens*) SKALA 1967, S. 218.

Verbreitung: Karawanken (Seebergsattel: Unter-Devon); Karnische Alpen (Poludnig: Ems).

Latericriodus latericrescens latericrescens (BRANSON & MEHL, 1938)

* 1938 (*Icriodus latericrescens*) BRANSON & MEHL 1938, S. 164, Taf. 26, Fig. 30—37.
  1964 (*Icriodus latericrescens latericrescens*) SCHULZE 1964, S. 109.

Verbreitung: Karawanken (Seebergsattel: Unter-Devon).

Genus: *Ligonodina* ULRICH & BASSLER, 1926

Ligonodina delicata BRANSON & MEHL, 1934

* 1934 (*Ligonodina delicata*) BRANSON & MEHL 1934a, S. 199, Taf. 14, Fig. 22, 23.
  1957 (*Ligonodina delicata*) ZIEGLER in FLÜGEL & ZIEGLER 1957, S. 43, Taf. 5, Fig. 13, Tabelle 1, 2.
v 1967 (*Ligonodina delicata*) PÖLSLER 1967, S. 46.

Verbreitung: Grazer Paläozoikum (Steinberg: *veliferus-* bis *costatus*-Zone, cu II γ); Karnische Alpen (Pipeline-Stollen: to I).

3

Ligonodina egregia Walliser, 1964

* 1964 (*Ligonodina egregia*) Walliser 1964, S. 40, Taf. 6, Fig. 5, Taf. 32, Fig. 3, 4, Tabelle 1, 2.
1967 (*Ligonodina egregia*) Mostler 1967, S. 296.

Holotypus: Das von Walliser 1964, Taf. 32, Fig. 3, abgebildete Stück Wa 1052/6 im Geol.-Paläont. Institut der Universität Marburg a. d. L.

Locus typicus: Karnische Alpen (Cellon).

Stratum typicum: Schicht 10 H/J, *celloni*-Zone, Llandovery, Silur.

Verbreitung: Karnische Alpen (Cellon: *celloni*- bis *amorphognathoides*-Zone); N. Grauwackenzone (Kitzbühler Alpen: *celloni*-Zone).

Ligonodina cf. *egregia* Walliser, 1964

1964 (*Ligonodina* cf. *egregia*) Walliser 1964, Tabelle 2.
Verbreitung: Karnische Alpen (Cellon: *celloni*-Zone).

Ligonodina elegans Walliser, 1964

* 1964 (*Ligonodina elegans*) Walliser 1964, S. 41, Taf. 9, Fig. 19, Taf. 32, Fig. 16—21, Tabelle 1, 2.
Verbreitung: Karnische Alpen (Cellon: *crispus*- bis *eosteinhornensis*-Zone).

Ligonodina aff. *elegans* Walliser, 1964

1964 (*Ligonodina* aff. *elegans*) Walliser 1964, Tabelle 2.
Verbreitung: Karnische Alpen (Cellon: *eosteinhornensis*-Zone).

Ligonodina falciformis Ulrich & Bassler, 1926

* 1926 (*Ligonodina falciformis*) Ulrich & Bassler 1926, S. 14, Taf. 2, Fig. 11—13.
1957 (*Ligonodina falciformis*) Ziegler in Flügel & Ziegler 1957, Tabelle 1.
v. 1966 (*Ligonodina falciformis*) Flajs 1966, Tabelle S. 125.

Verbreitung: Grazer Paläozoikum (Steinberg: *veliferus*-Zone; Kanzel: *asymmetricus*-Zone).

Ligonodina franconica Sannemann, 1955

* 1955 (*Ligonodina franconica*) Sannemann 1955b, S. 131, Taf. 5, Fig. 1—4.
v 1967 (*Ligonodina franconica*) Pölsler 1967, Tabelle 1.

Verbreitung: Karnische Alpen (Pipeline-Stollen: to II).

Ligonodina cf. *franconica* Sannemann, 1955

v 1966 (*Ligonodina* cf. *franconica*) Flajs 1966, S. 229, Taf. 24, Fig. 9, Tabelle S. 125.
Verbreitung: Grazer Paläozoikum (Kanzel: *asymmetricus*-Zone).

Ligonodina monodentata Bischoff & Ziegler, 1956

* 1956 (*Ligonodina monodentata*) Bischoff & Ziegler 1956, S. 148, Taf. 14, Fig. 13.
1957 (*Ligonodina monodentata*) Ziegler in Flügel & Ziegler 1957, S. 43, Tabelle 1, 2.

Verbreitung: Grazer Paläozoikum (Steinberg: *quadrantinodosa*-Zone bis *costatus*-Zone; cu II γ, cu III).

Ligonodina salopia RHODES, 1953

* 1953 (*Ligonodina salopia*) RHODES 1953, S. 307, Taf. 23, Fig. 245, 257, 260.
  1957 (*Ligonodina diversa*) WALLISER 1957, S. 36, Tabelle 1.
. 1962 (*Ligonodina diversa*) WALLISER 1962, S. 283, Fig. 1, Nr. 16.
. 1964 (*Ligonodina salopia*) WALLISER 1964, S. 41, Taf. 8, Fig. 9, Taf. 32, Fig. 5, 10,
    Tabelle 1, 2.
v. 1966 (*Ligonodina salopia*) FLAJS in FLAJS & GRÄF 1966, S. 172.
v. 1967 (*Ligonodina salopia*) FLAJS 1967a, S. 168, 174, 189.
v. 1967 (*Ligonodina salopia*) FLAJS 1967b, S. 128.
v 1967 (*Ligonodina salopia*) PÖLSLER 1967, S. 48, 49.

Verbreitung: Karnische Alpen (Cellon: *patula*- bis *sagitta*-Zone, *crassa*-Zone bis Unter-Devon; Pipeline-Stollen: Ludlow); Grazer Paläozoikum (Laufnitzdorf: Ludlow); N. Grauwackenzone (Eisenerz: *ploeckensis*- bis *eosteinhornensis*-Zone); Ludlow-Geröll in der Kainacher Gosau.

Ligonodina cf. salopia RHODES, 1953

1964 (*Ligonodina cf. salopia*) WALLISER 1964, Tabelle 2.

Verbreitung: Karnische Alpen (Cellon: *eosteinhornensis*-, *woschmidti*-Zone).

Ligonodina silurica BRANSON & MEHL, 1933

* 1933 (*Ligonodina silurica*) BRANSON & MEHL 1933b, S. 48, Taf. 3, Fig. 18—20.
  1957 (*Ligonodina silurica*) WALLISER 1957, S. 38, Tabelle 1.
v. 1963 (*Ligonodina silurica*) FLAJS in FLAJS, FLÜGEL & HASLER 1963, S. 127.
v. 1964 (*Ligonodina silurica*) FLAJS 1964, S. 373.
. 1964 (*Ligonodina silurica*) WALLISER 1964, S. 42, Taf. 8, Fig. 13, Taf. 32, Fig. 15, Ta-
    belle 1, 2.
v. 1966 (*Ligonodina silurica*) FLAJS in FLAJS & GRÄF 1966, S. 172.
v. 1967 (*Ligonodina silurica*) FLAJS 1967a, S. 181.
v. 1967 (*Ligonodina silurica*) FLAJS 1967b, S. 128.

Verbreitung: Karnische Alpen (Cellon: *sagitta*-Zone bis Unter-Devon); Grazer Paläozoikum (Laufnitzdorf: Ludlow); N. Grauwackenzone (Eisenerz: Ludlow); Ludlow-Geröll in der Kainacher Gosau.

Ligonodina aff. silurica BRANSON & MEHL, 1933

1964 (*Ligonodina aff. silurica*) WALLISER 1964, Tabelle 2.
Verbreitung: Karnische Alpen (Cellon: *crispus*-Zone).

Ligonodina typa (GUNNEL, 1933)

* 1933 (*Idioprioniodus typus*) GUNNEL 1933, S. 265, Taf. 31, Fig. 47.
  1957 (*Ligonodina typa*) ZIEGLER in FLÜGEL & ZIEGLER 1957, S. 43, Tabelle 2.
Verbreitung: Grazer Paläozoikum (Steinberg: cu II γ, cu III).

Ligonodina sp. a WALLISER, 1964

1964 (*Ligonodina* sp. a) WALLISER 1964, S. 42, Taf. 32, Fig. 6, Tabelle 1, 2.
Verbreitung: Karnische Alpen (Cellon: *siluricus*-Zone).

3*

Ligonodina ? sp. b Walliser, 1964

1964 (? *Ligonodina* sp. b) Walliser 1964, S. 42, Taf. 32, Fig. 32, Tabelle 1, 2.

Verbreitung: Karnische Alpen (Cellon: *eosteinhornensis*-Zone).

Ligonodina sp.

1964 (*Ligonodina* sp.) Mostler 1964, S. 225.

Verbreitung: N. Grauwackenzone (Schwazer Dolomit: Unter-Devon?).

Ligonodina ? sp.

1959 (*Lonchodina* oder *Ligonodina*) Ziegler in Flügel, Gräf & Ziegler 1959, S. 154.
1964 (? *Ligonodina* sp.) Flügel 1964b, S. 411.

Verbreitung: Karnische Alpen (Polinik: Ober-Devon bis Unter-Karbon).

Genus: *Lonchodina* Ulrich & Bassler, 1926

Lonchodina cristagalli Ziegler, 1960

* 1960 (*Lonchodina cristagalli*) Ziegler 1960b, S. 189, Taf. 14, Fig. 1, 3, 5.
1964 (*Lonchodina cristagalli*) Walliser 1964, S. 43, Tabelle 1, 2.

Verbreitung: Karnische Alpen (Cellon: *woschmidti*-Zone).

Lonchodina curvata (Branson & Mehl, 1934)

* 1934 (*Prioniodina curvata*) Branson & Mehl 1934a, S. 214, Taf. 14, Fig. 17.
v. 1966 (*Lonchodina curvata*) Flajs 1966, Tabelle S. 225.

Verbreitung: Grazer Paläozoikum (Kanzel: *asymmetricus*-Zone).

Lonchodina detorta Walliser, 1964

1957 (*Lonchodina* n. sp. [a]) Walliser 1957, S. 39, Tabelle 1, Taf. 3, Fig. 29, 30.
* 1964 (*Lonchodina detorta*) Walliser 1964, S. 43, Taf. 9, Fig. 20, Taf. 30, Fig. 34—37,
    Tabelle 1.
v. 1967 (*Lonchodina detorta*) Flajs 1967a, S. 179, 197, Taf. 4, Fig. 14.

Holotypus: Das von Walliser 1964, Taf. 30, Fig. 34, abgebildete Stück Wa 545/10
im Geol.-Paläont. Institut der Universität Marburg a. d. L.

Locus typicus: Karnische Alpen (Cellon).

Stratum typicum: Schicht 45, *eosteinhornensis*-Zone, Ludlow, Silur.

Verbreitung: Karnische Alpen (Cellon: *siluricus*- bis *eosteinhornensis*-Zone); N.
Grauwackenzone (Eisenerz: *siluricus*-Zone).

Lonchodina discreta Ulrich & Bassler, 1926

* 1926 (*Lonchodina discreta*) Ulrich & Bassler 1926, S. 36, Taf. 10, Fig. 1, 2.
v. 1965 (*Lonchodina discreta*) Flügel 1965, S. 33.

Verbreitung: Karnische Alpen (Kühweger Köpfl: Campiler-Schichten).

Lonchodina fluegeli WALLISER, 1964

* 1964 (*Lonchodina fluegeli*) WALLISER 1964, S. 44, Taf. 6, Fig. 4, Taf. 32, Fig. 22—24, Tabelle 1, 2.
1967 (*Lonchodina fluegeli*) MOSTLER 1967, S. 296.

Holotypus: Das von WALLISER 1964, Taf. 32, Fig. 24, abgebildete Stück Wa 1051/3 im Geol.-Paläont. Institut der Universität Marburg a. d. L.
Locus typicus: Karnische Alpen (Cellon).
Stratum typicum: Schicht 10 H/J, *celloni*-Zone, Llandovery, Silur.
Verbreitung: Karnische Alpen (Cellon: *celloni*-Zone, ? *amorphognathoides*-Zone); N. Grauwackenzone (Kitzbühler Alpen: *celloni*-Zone).

Lonchodina cf. fluegeli WALLISER, 1964

1964 (*Lonchodina* cf. *fluegeli*) WALLISER 1964, Tabelle 2.

Verbreitung: Karnische Alpen (Cellon: *amorphognathoides*-Zone).

Lonchodina aff. furnishi REXROAD, 1958

aff. 1958 (*Lonchodina furnishi*) REXROAD 1958, S. 22, Taf. 4, Fig. 11—13.
1959 (aff. *Lonchodina furnishi*) MÜLLER 1959, S. 91.

Verbreitung: Karnische Alpen (Grüne Schneid: *Pericyclus*-Stufe).

Lonchodina greilingi WALLISER, 1957

* 1957 (*Lonchodina greilingi*) WALLISER 1957, S. 38, Tabelle 1, Taf. 4, Fig. 20—26.
1962 (*Lonchodina greilingi*) WALLISER 1962, S. 283, Fig. 1, Nr. 22.
v. 1963 (*Lonchodina greilingi*) FLAJS in FLAJS, FLÜGEL & HASLER 1963, S. 127.
v. 1964 (*Lonchodina greilingi*) FLAJS 1964, S. 373.
v ?1964 (*Lonchodina greilingi*) FLAJS in FLÜGEL 1964a, S. 412.
1964 (*Lonchodina greilingi*) WALLISER 1964, S. 44, Taf. 8, Fig. 7, Taf. 30, Fig. 7, 8, 9, Tabelle 1, 2.
v. 1967 (*Lonchodina greilingi*) FLAJS 1967a, S. 173, 179, 181, 189.
v. 1967 (*Lonchodina greilingi*) FLAJS 1967b, S. 128.
v 1967 (*Lonchodina greilingi*) PÖLSLER 1967, S. 47, 48.

Verbreitung: Karnische Alpen (Cellon: *patula*-Zone bis Unter-Devon; Pipeline-Stollen: Ludlow bis Unter-Devon); Karawanken (Pasterkfelsen: Unter-Devon); N. Grauwackenzone (Eisenerz: Ludlow).

Lonchodina cf.greilingi WALLISER, 1957

1963 (*Lonchodina* cf. *greilingi*) WALLISER in CLAR, FRITSCH, MEIXNER, PILGER & SCHÖNENBERG 1963, S. 29.
1964 (*Lonchodina* cf. *greilingi*) WALLISER 1964, Tabelle 2.

Verbreitung: Karnische Alpen (Cellon: *woschmidti*-Zone); Mittel-Kärnten (Klein St. Paul: Wenlock bis Unter-Ems).

Lonchodina latidentata (TATGE, 1956)

* 1956 (*Prioniodina latidentata*) TATGE 1956, S. 140, Taf. 5, Fig. 23.
1958 (*Lonchodina latidentata*) HUCKRIEDE 1958, S. 151, Taf. 10, Fig. 51, Taf. 12, Fig. 13.
v. 1964 (*Lonchodina latidentata*) FLÜGEL & PETAK 1964, Tabelle 2, S. 22.
v. 1966 (*Lonchodina latidentata*) GESSNER 1966, Tabelle 4, Taf. 7, Fig. 13, 17, 19.
1967 (*Lonchodina latidentata*) FLÜGEL, E. 1967, S. 94.

Verbreitung: N. Kalkalpen (Lärcheck: Illyr; Saalfelden: Illyr; Krabach-Masse: Illyr; Feuerkogel: Jul, Tuval; Krampen: Karn; Someraukogel: *Cyrtopleurites*-Zone; Kuhkogel: Karn; Lerchsteinwand: Nor; Klobenwand: Karn; Groß-Reifling: Karn; Siriuskogel: Sevat).

Lonchodina mülleri TATGE, 1956

* 1956 (*Lonchodina mülleri*) TATGE 1956, S. 136, Taf. 5, Fig. 15.
  1958 (*Lonchodina mülleri*) HUCKRIEDE 1958, S. 151, Taf. 12, Fig. 28, 29, Taf. 14, Fig. 9, 33.
  1960 (*Lonchodina mülleri*) TOLLMANN 1960, S. 76.
v. 1964 (*Lonchodina mülleri*) FLÜGEL & PETAK 1964, Tabelle S. 22.
v. 1965 (*Lonchodina mülleri*) FLÜGEL 1965, S. 33.
v. 1966 (*Lonchodina mülleri*) GESSNER 1966, Tabelle 4, Taf. 7, Fig. 14.

Verbreitung: N. Kalkalpen (Schiechlingshöhe: Illyr; Lärcheck: Illyr; Saalfelden: Illyr; Martinswand: Illyr; Öfenbachtal: Illyr; Feuerkogel: Jul, Tuval; Someraukogel: *Cyrtopleurites*-Zone; Lachalpe: Nor; Kuhkogel: Karn; Lerchsteinwand: Nor; Klobenwand: Karn; Groß-Reifling: Karn); S.Kalkalpen (Dobratsch: Illyr; Kühweger Köpfl: Campiler Schichten).

Lonchodina cf. *mülleri* TATGE, 1956

  1958 (*Lonchodina* cf. *mülleri*) HUCKRIEDE 1958, Taf. 14, Fig. 36.
Verbreitung: N. Kalkalpen (Someraukogel: Alaun).

Lonchodina nevadensis MÜLLER, 1956

* 1956 (*Lonchodina nevadensis*) MÜLLER 1956, S. 827, Taf. 96, Fig. 7.
v. 1965 (*Lonchodina mülleri*) FLÜGEL 1965, S. 33.
Verbreitung: S. Kalkalpen (Kühweger Köpfl: Campiler Schichten).

Lonchodina nitela HUDDLE, 1934

* 1934 (*Lonchodina nitela*) HUDDLE 1934, S. 82, Taf. 6, Fig. 3—5.
  1957 (*Lonchodina nitela*) ZIEGLER in FLÜGEL & ZIEGLER 1957, S. 44, Taf. 4, Fig. 13, Tabelle 2.
Verbreitung: Grazer Paläozoikum (Steinberg: cu III).

Lonchodina projecta ULRICH & BASSLER, 1926

* 1926 (*Lonchodina* ? *projecta*) ULRICH & BASSLER 1926, S. 34, Taf. 5, Fig. 9, 10.
  1957 (*Lonchodina projecta*) ZIEGLER in FLÜGEL & ZIEGLER 1957, S. 44, Taf. 4, Fig. 14, Taf. 5, Fig. 12, Tabelle 2.
Verbreitung: Grazer Paläozoikum (Steinberg: cu II γ, cu III).

Lonchodina ramulata BISCHOFF & ZIEGLER, 1957

* 1957 (*Lonchodina ramulata*) BISCHOFF & ZIEGLER 1957, S. 69, Taf. 10, Fig. 1a, b, 2, 3.
v. 1966 (*Lonchodina ramulata*) FLAJS 1966, Tabelle S. 225.
Verbreitung: Grazer Paläozoikum (Kanzel: *asymmetricus*-Zone).

Lonchodina spengleri HUCKRIEDE, 1958

* 1958 (*Lonchodina spengleri*) HUCKRIEDE 1958, S. 152, Taf. 10, Fig. 54—56, Taf. 11, Fig. 6, Taf. 12, Fig. 9, Taf. 13, Fig. 1, 6, 10, Taf. 14, Fig. 11.
v. 1964 (*Lonchodina spengleri*) FLÜGEL & PETAK 1964, Tabelle 2, S. 22, 27.
v. 1966 (*Lonchodina spengleri*) GESSNER 1966, Tabelle 4, Taf. 8, Fig. 5.
v. 1966 (*Lonchodina spengleri*) FLÜGEL 1966, S. 266.
1967 (*Lonchodina spengleri*) FLÜGEL, E. 1967, S. 94.
1967 (*Lonchodina spengleri*) SCHLAGER 1967, S. 223, 274.

Holotypus: Das von HUCKRIEDE 1958, Taf. 13, Fig. 6, abgebildete Stück Hu 58/143 im Geol.-Paläont. Institut der Universität Marburg a. d. L.

Locus typicus: N. Kalkalpen (Feuerkogel, Steiermark).

Stratum typicum: Jul, Zone des *Trachyceras austriacum*, Karnische Stufe, Trias.

Verbreitung: N. Kalkalpen (Saalfelden: Illyr; Lechtaler Alpen: Illyr; Martinswand: Illyr; Krabach-Masse: Illyr, Ladin; Feuerkogel: Jul, Tuval; Someraukogel: *Cyrtopleurites*-Zone; Kuhkogel: Karn; Klobenwand: Karn; Groß-Reifling: Karn; Dachstein: Cordevol; Siriuskogel: Sevat); S. Kalkalpen (Dobratsch: Illyr); Trias-Geröll des Gams-Konglomerates.

Lonchodina cf. *spengleri* HUCKRIEDE, 1958

1967 (*Lonchodina* cf. *spengleri*) SCHLAGER 1967, S. 218.
Verbreitung: N. Kalkalpen (Dachstein: Anis).

Lonchodina suevica TATGE, 1956

* 1956 (*Lonchodina suevica*) TATGE 1956, S. 134, Taf. 5, Fig. 16.
v. 1966 (*Lonchodina suevica*) GESSNER 1966, Tabelle 4, Taf. 7, Fig. 21.
Verbreitung: N. Kalkalpen (Groß-Reifling: Karn).

Lonchodina torta HUDDLE, 1934

* 1934 (*Lonchodina torta*) HUDDLE 1934, S. 86, Taf. 10, Fig. 4.
1957 (*Lonchodina torta*) ZIEGLER in FLÜGEL & ZIEGLER 1957, S. 44, Taf. 4, Fig. 12, Tabelle 2.
Verbreitung: Grazer Paläozoikum (Steinberg: cu II γ).

Lonchodina valida SANNEMANN, 1955

* 1955 (*Lonchodina valida*) SANNEMANN 1955b, S. 132, Taf. 6, Fig. 10, 11.
v 1967 (*Lonchodina valida*) PÖLSLER 1967, S. 42, 43, 49.
Verbreitung: Karnische Alpen (Pipeline-Stollen: to I, II, V/VI).

Lonchodina venusta HUCKRIEDE, 1958

* 1958 (*Lonchodina venusta*) HUCKRIEDE 1958, S. 152, Taf. 11, Fig. 25.
1959 (*Lonchodina venusta*) HUCKRIEDE 1959b, S. 49.
v. 1966 (*Lonchodina venusta*) GESSNER 1966, Tabelle 4, Taf. 7, Fig. 20.
1967 (*Lonchodina venusta*) SCHLAGER 1967, S. 218, 223, 274.

Holotypus: Das von Huckriede 1958, Taf. 11, Fig. 25, abgebildete Stück Hu 58/81 im Geol.-Paläont. Institut der Universität Marburg a. d. L.

Locus typicus: N. Kalkalpen (Clessin-Sperrmauer bei Saalfelden).

Stratum typicum: Illyr, Anis, Trias.

Verbreitung: N. Kalkalpen (Schiechlingshöhe: Illyr; Saalfelden: Illyr; Lechtaler Alpen: Illyr; Martinswand: Illyr; Krabach-Masse: Illyr; Öfenbachtal: Illyr; Stanzertal: Ladin; Feuerkogel: Jul, Tuval; Someraukogel: *Cyrtopleurites*-Zone; Groß-Reifling: Karn; Dachstein: Cordevol); S. Kalkalpen (Dobratsch: Illyr).

Lonchodina walliseri Ziegler, 1960

1957 (*Lonchodina* n. sp. b) Walliser 1957, Tabelle 1, S. 40, Taf. 3, Fig. 27.
* 1960 (*Lonchodina walliseri*) Ziegler 1960b, S. 188, Taf. 14, Fig. 2, 6, 7.
1964 (*Lonchodina walliseri*) Walliser 1964, S. 44, Taf. 10, Fig. 14—19, Taf. 30, Fig. 27
bis 31, Tabelle 1, 2.
v. 1964 (*Lonchodina walliseri*) Flajs 1964, S. 373.
1966 (*Lonchodina walliseri*) Mostler 1966c, S. 25.
v. 1967 (*Lonchodina walliseri*) Flajs 1967a, S. 173, 179.
v. 1967 (*Lonchodina walliseri*) Flajs 1967b, S. 128.

Verbreitung: Karnische Alpen (Cellon: *ploeckensis*-Zone bis Unter-Devon); N. Grauwackenzone (Eisenerz: *crassa*- bis *siluricus*-Zone; Entachen-Alm: Ludlow bis Unter-Ems).

Lonchodina cf. *walliseri* Ziegler, 1960

1964 (*Lonchodina* cf. *walliseri*) Walliser 1964, Tabelle 2.
Verbreitung: Karnische Alpen (Cellon: *eosteinhornensis*-Zone).

Lonchodina aff. *walliseri* Ziegler, 1960

1964 (*Lonchodina* aff. *walliseri*) Walliser 1964, Tabelle 2.
Verbreitung: Karnische Alpen (Cellon: *ploeckensis*-Zone).

Lonchodina sp. A Gessner, 1966

v 1966 (*Lonchodina* sp. A) Gessner 1966, Taf. 7, Fig. 24.
Verbreitung: N. Kalkalpen (Groß-Reifling: Karn).

Lonchodina sp.

1957 (*Lonchodina* sp. indet.) Ziegler in Flügel & Ziegler 1957, Taf. 4, Fig. 9.
1959 (*Lonchodina*) Huckriede 1959b, S. 52.
1959 (*Lonchodina* sp. [= *L. projecta* Ulrich & Bassler bei Bischoff 1957)] Müller
1959, S. 92.
v 1967 (*Lonchodina* sp.) Pölsler 1967, Tabelle 1.
1967 (*Lonchodina* sp.) Schlager 1967, S. 236, 269, 271, 274, 275.

Verbreitung: Karnische Alpen (Grüne Schneid: *Pericyclus*-Stufe; Pipeline-Stollen: to II); Grazer Paläozoikum (Steinberg: cu II γ); N. Kalkalpen (Lechtaler Alpen: Ladin; Dachstein: Karn/Nor).

Genus: *Multioistodus* CULLISON, 1938

Multioistodus n. sp.

v 1967 (*Multioistodus* n. sp.) FLAJS 1967a, S. 65, 191, 201, Taf. 3, Fig. 7, Abb. 5a—c.
Verbreitung: N. Grauwackenzone (Eisenerz: Oberes Ordovicium).

Genus: *Neoprioniodus* RHODES & MÜLLER, 1956

Bemerkungen: Der Definition der Gattung durch RHODES & MÜLLER 1956 nach gehören die im folgenden genannten und bisher *Prioniodus* PANDER bzw. *Prioniodina* BASSLER zugeordneten Arten vermutlich (?) zu *Neoprioniodus*. Bezüglich der triassischen Arten gilt dabei das von LINDSTRÖM 1964 über die *Neoprioniodus*-Arten von MÜLLER aus Nevada gesagte: „. . . can equally well be interpreted as *Ozarkodina* without posterior process."

Neoprioniodus ? alatoideus (COOPER, 1931)

* 1931 (*Prioniodus alatoideus*) COOPER 1931, S. 232, Taf. 28, Fig. 1.
1957 (*Prioniodina alatoidea*) ZIEGLER in FLÜGEL & ZIEGLER 1957, S. 48, Tabelle 2.
Verbreitung: Grazer Paläozoikum (Steinberg: cu III).

Neoprioniodus ? alatus (HINDE 1879)

* 1879 (*Prioniodus ? alatus*) HINDE 1879, S. 361, Taf. 16, Fig. 5.
1957 (*Prioniodina alata*) ZIEGLER in FLÜGEL & ZIEGLER 1957, Tabelle 1.
Verbreitung: Grazer Paläozoikum (Steinberg: *styriacus*-Zone).

Neoprioniodus ? armatus (HINDE, 1879)

* 1879 (*Prioniodus armatus*) HINDE 1879, S. 360, Taf. 15, Fig. 20, 21.
1957 (*Prioniodina armata*) ZIEGLER in FLÜGEL & ZIEGLER 1957, Tabelle 1.
v. 1966 (*Prioniodina armata*) FLAJS 1966, Tabelle S. 225.
v 1967 (*Prioniodina armata*) PÖLSLER 1967, S. 47, Tabelle 1.

Verbreitung: Grazer Paläozoikum (Steinberg: *styriacus*-Zone; Kanzel: *asymmetricus*-Zone); Karnische Alpen (Pipeline-Stollen: Eifel-Stufe, to I, II).

Neoprioniodus bicurvatoides WALLISER, 1964

* 1964 (*Neoprioniodus bicurvatoides*) WALLISER 1964, S. 46, Taf. 7, Fig. 8, Taf. 29, Fig. 36, 37, Tabelle 1, 2.
Verbreitung: Karnische Alpen (Cellon: *sagitta*-Zone).

Neoprioniodus bicurvatus (BRANSON & MEHL, 1933)

* 1933 (*Prioniodus bicurvatus*) BRANSON & MEHL 1933b, S. 44, Taf. 3, Fig. 9—12.
non 1957 (*Prioniodina bicurvata*) WALLISER 1957, Tabelle 1, S. 46, Taf. 2, Fig. 19 (= *Neoprioniodus excavatus*).
non 1961 (*Prioniodina bicurvata*) WALLISER in FLÜGEL 1961, S. 36 (= *Neoprioniodus excavatus*).

1962 (*Prioniodina bicurvata*) WALLISER in ERBEN, FLÜGEL & WALLISER 1962, S. 74, 76.

non 1962 (*Prioniodina bicurvata*) WALLISER 1962, S. 283, Fig. 1, Nr. 17 (= *Neoprioniodus excavatus*).

1964 (*Prioniodina bicurvata*) MOSTLER 1964, S. 225.

v non 1964 (*Prioniodina bicurvata*) FLAJS 1964, S. 373 (= *Neoprioniodus excavatus*).

1964 (*Neoprioniodus bicurvatus*) WALLISER 1964, S. 46, Taf. 9, Fig. 13, Taf. 29, Fig. 27 bis 29, 32, 33, Abb. 5d, Tabelle 1, 2.

1967 (*Neoprioniodus bicurvatus*) PÖLSLER 1967, S. 50.

Verbreitung: Karnische Alpen (Cellon: *crispus*-Zone bis Unter-Devon; Blockhalde der Seewarte: Unter-Ems; Pipeline-Stollen: Ludlow); N. Grauwackenzone (Schwazer Dolomit: Unter-Devon).

Neoprioniodus ? bischoffi (ZIEGLER, 1957)

* 1957 (*Prioniodina bischoffi*) ZIEGLER in FLÜGEL & ZIEGLER 1957, S. 48, Taf. 4, Fig. 5, Tabelle 2.

Verbreitung: Grazer Paläozoikum (Steinberg: cu II γ).

Neoprioniodus ? brevirameus WALLISER, 1964

* 1964 (? *Neoprioniodus brevirameus*) WALLISER 1964, S. 47, Taf. 4, Fig. 5, Taf. 29, Fig. 5—10, Tabelle 1, 2.

v 1964 (*Cordylodus elongatus*) FLAJS 1964, S. 371.

v 1967 (? *Neoprioniodus brevirameus*) FLAJS 1967a, S. 164, 166, 191, 192, Taf. 3, Fig. 5.

Holotypus: Das von WALLISER 1964, Taf. 29, Fig. 6, abgebildete Stück Wa 973/2 im Geol.-Paläont. Institut der Universität Marburg a. d. L.

Locus typicus: Karnische Alpen (Cellon).

Stratum typicum: Schicht 2 A, Bereich I, Ordovicium.

Verbreitung: Karnische Alpen (Cellon: Bereich I); N. Grauwackenzone (Eisenerz: Ordovicium).

Neoprioniodus ? cf. brevirameus WALLISER, 1964

1964 (*Neoprioniodus* ? cf. *brevirameus*) WALLISER 1964, Tabelle 2.

Verbreitung: Karnische Alpen (Cellon: Bereich I).

Neoprioniodus ? cassilaris (BRANSON & MEHL, 1941)

* 1941 (*Prioniodus cassilaris*) BRANSON & MEHL 1941, S. 186, Taf. 6, Fig. 11, 12, 15—17.

1957 (*Prioniodina cassilaris*) ZIEGLER in FLÜGEL & ZIEGLER 1957, S. 49, Taf. 4, Fig. 2, 4, Tabelle 2.

Verbreitung: Grazer Paläozoikum (Steinberg: cu II γ, cu III).

Neoprioniodus costatus WALLISER, 1964

Neoprioniodus costatus costatus WALLISER, 1964

* 1964 (*Neoprioniodus costatus costatus*) WALLISER 1964, S. 48, Taf. 6, Fig. 14, Taf. 28, Fig. 36—41, Abb. 61—n, Tab. 1, 2.

1965 (*Neoprioniodus costatus costatus*) MOSTLER 1965a, S. 165.

v. 1967 (*Neoprioniodus costatus costatus*) FLAJS 1967a, S. 179, 196, Taf. 3, Fig. 11.

Holotypus: Das von WALLISER 1964, Taf. 28, Fig. 38, abgebildete Stück Wa 512/2 im Geol.-Paläont. Institut der Universität Marburg a. d. L.

Locus typicus: Karnische Alpen (Cellon).

Stratum typicum: Schicht 12, *amorphognathoides*-Zone, Llandovery, Silur.

Verbreitung: Karnische Alpen (Cellon: *amorphognathoides*-Zone); N. Grauwackenzone (Kitzbühler Alpen: *amorphognathoides*-Zone; Eisenerz: *amorphognathoides*-**Zone**).

Neoprioniodus costatus paucidentatus WALLISER, 1964

* 1964 (*Neoprioniodus costatus paucidentatus*) WALLISER 1964, S. 48, Taf. 4, Fig. 23, Taf. 28, Fig. 31—35, Abb. 6i—k, Tabelle 1, 2.
 1966 (*Neoprioniodus costatus paucidentatus*) MOSTLER 1966b, S. 162, 163.
 1967 (*Neoprioniodus costatus paucidentatus*) MOSTLER 1967, S. 296.

Holotypus: Das von WALLISER 1964, Taf. 28, Fig. 32, abgebildete Stück Wa 735/4 im Geol.-Paläont. Institut der Universität Marburg a. d. L.

Locus typicus: Karnische Alpen (Cellon).

Stratum typicum: Schicht 10 B, *celloni*-Zone, Llandovery, Silur.

Verbreitung: Karnische Alpen (Cellon: *celloni*-Zone); N. Grauwackenzone (Lachtal-Grundalm: *celloni*-Zone; Kitzbühler Alpen: *celloni*-Zone).

Neoprioniodus ? dinodoides (TATGE, 1956)

* 1956 (*Metalonchodina ? dinodoides*) TATGE 1956, S. 135, Taf. 6, Fig. 4.
 1958 (*Prioniodina ? dinodoides*) HUCKRIEDE 1958, S. 160.

Verbreitung: N. Kalkalpen (Lärcheck: Illyr).

Neoprioniodus excavatus (BRANSON & MEHL, 1933)

* 1933 (*Prioniodus excavatus*) BRANSON & MEHL 1933b, S. 45, Taf. 3, Fig. 7, 8.
 1957 (*Prioniodina bicurvata*) WALLISER 1957, S. 46, Tabelle 1, Taf. 2, Fig. 19.
non 1957 (*Prioniodina excavata*) WALLISER 1957, S. 46, Tabelle 1, Taf. 2, Fig. 17 (= *Neoprioniodus latidentatus*).
 1961 (*Prioniodina bicurvata*) WALLISER in FLÜGEL 1961, S. 36.
. 1962 (*Prioniodina bicurvata*) WALLISER 1962, S. 283, Fig. 1, Nr. 17.
 1964 (*Prioniodina excavata*) MOSTLER 1964, S. 225.
. 1964 (*Neoprioniodus excavatus*) WALLISER 1964, S. 49, Taf. 8, Fig. 4, Taf. 29, Fig. 26, Abb. 5c, Tabelle 1, 2.
 1964 (*Prioniodina bicurvata*) FLAJS 1964, S. 373.
v. 1966 (*Neoprioniodus excavatus*) FLAJS in FLAJS & GRÄF 1966, S. 172.
 1966 (*Neoprioniodus excavata*) MOSTLER 1966b, S. 166, 167.
 1966 (*Neoprioniodus excavatus*) MOSTLER 1966c, S. 25.
v 1967 (*Neoprioniodus excavatus*) PÖLSLER 1967, S. 47, 48, 49, 50.
v. 1967 (*Neoprioniodus excavatus*) FLAJS 1967a, S. 170, 172, 173, 174, 176, 178, 179, 180, 181, 190.
v. 1967 (*Neoprioniodus excavatus*) FLAJS 1967b, S. 128.

Verbreitung: Karnische Alpen (Cellon: *patula*-Zone bis Unter-Devon; Rauchkofel: *alticola*-Kalk; Pipeline-Stollen: Ludlow); Grazer Paläozoikum (Laufnitzdorf: Ludlow); N. Grauwackenzone (Schwazer Dolomit: Unter-Devon; Lachtal-Grundalm: *sagitta*-Zone; Entachen-Alm: Ludlow bis Unter-Ems; Eisenerz: Ludlow); Ludlow-Geröll der Kainacher Gosau.

Neoprioniodus ? kochi (HUCKRIEDE, 1958)

* 1958 (*Prioniodina kochi*) HUCKRIEDE 1958, S. 159, Taf. 11, Fig. 37, Taf. 12, Fig. 11,
　　　12, Taf. 14, Fig. 4.
　1959 (*Prioniodina kochi*) HUCKRIEDE 1959b, S. 49.
v. 1964 (*Prioniodina kochi*) FLÜGEL & PETAK 1964, Tabelle 2, S. 22, 27.
v. 1966 (*Prioniodina kochi*) GESSNER 1966, Tabelle 4, Taf. 8, Fig. 12.
　1967 (*Prioniodina kochi*) SCHLAGER 1967, S. 218, 223, 274.

Holotypus: Das von HUCKRIEDE 1958, Taf. 12, Fig. 11, abgebildete Stück Hu
58/139 im Geol.-Paläont. Institut der Universität Marburg a. d. L.
Locus typicus: Feuerkogel am Röthelstein.
Stratum typicum: Jul, Zone des *Trachyceras austriacum*, Karnische Stufe, Trias.
Verbreitung: N. Kalkalpen (Saalfelden: Illyr; Feuerkogel: Jul, Tuval; Someraukogel: *Cyrtopleurites*-Zone; Kaisertal: Illyr; Groß-Reifling: Ladin; Dachstein: Anis,
Ladin; Kuhkogel: Karn; Klobenwand: Karn); S. Kalkalpen (Dobratsch: Illyr.)

Neoprioniodus latidentatus WALLISER, 1964

　1957 (*Prioniodina excavata*) WALLISER 1957, S. 46, Tabelle 1, Taf. 2, Fig. 17.
* 1964 (*Neoprioniodus latidentatus*) WALLISER 1964, S. 50, Taf. 8, Fig. 15, Taf. 29, Fig. 34,
　　　35, Abb. 5b, Tabelle 1, 2.
　1966 (*Neoprioniodus latidentatus*) MOSTLER 1966c, S. 25.
v. 1967 (*Neoprioniodus latidentatus*) FLAJS 1967a, S. 172.
v. 1967 (*Neoprioniodus latidentatus*) FLAJS 1967b, S. 128.
v 1967 (*Neoprioniodus latidentatus*) PÖLSLER 1967, S. 48.

Holotypus: Das von WALLISER 1964, Taf. 29, Fig. 34, abgebildete Stück Wa 1004/2
im Geol.-Paläont. Institut der Universität Marburg a. d. L.
Locus typicus: Karnische Alpen (Cellon).
Stratum typicum: Schicht 21, *siluricus*-Zone, Ludlow, Silur.
Verbreitung: Karnische Alpen (Cellon: *ploeckensis*-Zone bis Unter-Devon; Pipeline-Stollen: Ludlow); N. Grauwackenzone (Eisenerz: Ludlow; Entachen Alm: Ludlow
bis Unter-Ems).

Neoprioniodus cf. *latidentatus* WALLISER, 1964

　1964 (*Neoprioniodus* cf. *latidentatus*) WALLISER 1964, Tabelle 2.
Verbreitung: Karnische Alpen (Cellon: *woschmidti*-Zone).

*Neoprioniodus ? * cf. *ligo* (HASS, 1953)

* cf. 1953 (*Prioniodus ligo*) HASS 1953, S. 87, Taf. 16, Fig. 1—3.
　1957 (*Prioniodina* cf. *ligo*) ZIEGLER in FLÜGEL & ZIEGLER 1957, S. 49, Taf. 4, Fig. 8,
　　　Tabelle 2.
Verbreitung: Grazer Paläozoikum (Steinberg: cu II γ).

Neoprioniodus ? mediocris (TATGE, 1956)

* 1956 (*Metalonchodina mediocris*) TATGE 1956, S. 136, Taf. 6, Fig. 3.
　1958 (*Prioniodina mediocris*) HUCKRIEDE 1958, S. 160, Taf. 11, Fig. 10, Taf. 14,
　　　Fig. 43, 44.
v 1966 (*Prioniodina mediocris*) GESSNER 1966, Tabelle 4, Taf. 8, Fig. 14.

Verbreitung: N. Kalkalpen (Schiechlingshöhe: Illyr; Lärcheck: Illyr; Feuerkogel:
Jul; Someraukogel: *Cyrtopleurites*-Zone; Lachalpe: Nor; Steinbergkogel: Sevat; Groß-Reifling: Anis).

Neoprioniodus multiformis WALLISER, 1964

* 1957 (*Prioniodina* cf. *armata*) WALLISER 1957, Tabelle 1, S. 45.
? 1964 (*Neoprioniodus multiformis*) WALLISER 1964, S. 50, Taf. 8, Fig. 10, Taf. 29,
  Fig. 14, 16—25, Abb. 5a, Tabelle 1, 2.
v. 1966 (*Neoprioniodus multiformis*) FLAJS in FLAJS & GRÄF 1966, S. 171, 172.
v 1967 (*Neoprioniodus multiformis*) PÖLSLER 1967, S. 47.

Holotypus: Das von WALLISER 1964, Taf. 29, Fig. 16, abgebildete Stück Wa 955/4
im Geol.-Paläont. Institut der Universität Marburg a. d. L.

Locus typicus: Karnische Alpen (Cellon).

Stratum typicum: Schicht 12 C, *patula*-Zone, Wenlock, Silur.

Verbreitung: Karnische Alpen (Cellon: *crassa*- bis *siluricus*-Zone; Pipeline-Stollen: Ludlow); Ludlow-Geröll in der Kainacher Gosau.

Neoprioniodus planus WALLISER, 1964

* 1964 (*Neoprioniodus planus*) WALLISER 1964, S. 51, Taf. 4, Fig. 10, Taf. 6, Fig. 3,
  Taf. 29, Fig. 12, 13, 15, Tabelle 1, 2.
1967 (*Neoprioniodus planus*) MOSTLER 1967, S. 296.

Holotypus: Das von WALLISER 1964, Taf. 29, Fig. 15, abgebildete Stück Wa 737/1
im Geol.-Paläont. Institut der Universität Marburg a. d. L.

Locus typicus: Karnische Alpen (Cellon).

Stratum typicum: Schicht 10 D, *celloni*-Zone, Llandovery, Silur.

Verbreitung: Karnische Alpen (Cellon: Bereich I, *celloni*-Zone und *amorphognathoides*-Zone); N. Grauwackenzone (Kitzbühler Alpen: *celloni*-Zone).

Neoprioniodus cf. *planus* WALLISER, 1964

1964 (*Neoprioniodus* cf. *planus*) WALLISER 1964, Tabelle 2.
Verbreitung: Karnische Alpen (Cellon: Bereich I).

Neoprioniodus ? pronus (HUDDLE, 1934)

* 1934 (*Euprioniodina prona*) HUDDLE 1934, S. 52, Taf. 6, Fig. 19, Taf. 11, Fig. 8.
1957 (*Prioniodina prona*) ZIEGLER in FLÜGEL & ZIEGLER 1957, S. 49, Taf. 4, Fig. 6,
  Tabelle 1, 2.
v. 1964 (*Prioniodina prona*) FLAJS in FLÜGEL 1964a, S. 744.
v. 1966 (*Prioniodina prona*) FLAJS 1966, Tabelle S. 225.
v 1967 (*Prioniodina prona*) PÖLSLER 1967, S. 41, 42, 45, 46, 50, Tabelle 1.

Verbreitung: Grazer Paläozoikum (Steinberg: *veliferus*- bis *costatus*-Zone, cu II γ,
cu III; Kanzel: *asymmetricus*-Zone, Givet-Stufe); Karnische Alpen (Pipeline-Stollen: to I,
to II, to V/VI); Kärnten (Winkl: Moränenblock des Ems).

Neoprioniodus scitulus (BRANSON & MEHL, 1941)

* 1941 (*Prioniodus scitulus*) BRANSON & MEHL 1941b, S. 173, Taf. 5, Fig. 5, 6.
1959 (*Neoprioniodus scitulus*) MÜLLER 1959, S. 91, 92.

Verbreitung: Karnische Alpen (Grüne Schneid: *Pericyclus*-Stufe).

Neoprioniodus ? schneideri Bischoff & Ziegler, 1957

* 1957 (*Prioniodina schneideri*) Bischoff & Ziegler 1957, S. 107, Taf. 8, Fig. 10, 11a, b.
v. 1966 (*Prioniodina schneideri*) Flajs 1966, Tabelle S. 225.
v 1967 (*Prioniodina schneideri*) Pölsler 1967, S. 42, 41, 47.

Verbreitung: Grazer Paläozoikum (Kanzel: *asymmetricus*-Zone); Karnische Alpen
(Pipeline-Stollen: Ems).

Neoprioniodus smithi (Stauffer, 1938)

* 1938 (*Prioniodus smithi*) Stauffer 1938, S. 441, Taf. 50, Fig. 26a, b.
1957 (*Prioniodina smithi*) Ziegler in Flügel & Ziegler 1957, Tabelle 1.
v 1967 (*Prioniodina smithi*) Pölsler 1967, S. 42, 43, 50, Tabelle 1.

Verbreitung: Grazer Paläozoikum (Steinberg: *velifera-* bis *costatus*-Zone); Karnische Alpen (Pipeline-Stollen: to I, II, V/VI).

Neoprioniodus subcarnus Walliser, 1964

* 1964 (*Neoprioniodus subcarnus*) Walliser 1964, S. 51, Taf. 5, Fig. 7, Taf. 28, Fig. 12
bis 18, Tabelle 1, 2.
1965 (*Neoprioniodus subcarnus*) Mostler 1965a, S. 165.
1966 (*Neoprioniodus subcarnus*) Mostler 1966b, S. 162.
v. 1967 (*Neoprioniodus subcarnus*) Flajs 1967a, S. 179, 196, Taf. 3, Fig. 8.
1967 (*Neoprioniodus subcarnus*) Mostler 1967, S. 296.

Holotypus: Das von Walliser 1967, Taf. 28, Fig. 13, abgebildete Stück Wa 512/4
im Geol.-Paläont. Institut der Universität Marburg a. d. L.
Locus typicus: Karnische Alpen (Cellon).
Stratum typicum: Schicht 12, *amorphognathoides*-Zone, Wenlock, Silur.
Verbreitung: Karnische Alpen (Cellon: *celloni-* und *amorphognathoides*-Zone); N.
Grauwackenzone (Kitzbühler Alpen: *amorphognathoides*-Zone; Lachtal-Grundalm: *celoni*-Zone; Kitzbühler Alpen: *celloni*-Zone; Eisenerz: *amorphognathoides*-Zone).

Neoprioniodus triangularis Walliser, 1964

Neoprioniodus triangularis tenuirameus Walliser, 1964

* 1964 (*Neoprioniodus triangularis tenuirameus*) Walliser 1964, S. 53, Taf. 4, Fig. 15,
Taf. 28, Fig. 21—24, Abb. 6a—c, Tabelle 1, 2.
1966 (*Neoprioniodus triangularis tenuirameus*) Mostler 1966b, S. 162, 163.
1967 (*Neoprioniodus triangularis tenuirameus*) Mostler 1967, S. 296.

Holotypus: Das von Walliser 1967, Taf. 28, Fig. 23, abgebildete Stück Wa 1051/4
im Geol.-Paläont. Institut der Universität Marburg a. d. L.
Locus typicus: Karnische Alpen (Cellon).
Stratum typicum: Schicht 10 H/J, *celloni*-Zone, Llandovery, Silur.
Verbreitung: Karnische Alpen (Cellon: *celloni*-Zone); N. Grauwackenzone (Lachtal-Grundalm: *celloni*-Zone; Kitzbühler Alpen: *celloni*-Zone).

Neoprioniodus triangularis triangularis Walliser, 1964

* 1964 (*Neoprioniodus triangularis triangularis*) Walliser 1964, S. 52, Taf. 6, Fig. 13,
Taf. 28, Fig. 25—30, Abb. 6d—f, Tabelle 1, 2.
v. 1967 (*Neoprioniodus triangularis triangularis*) Flajs 1967a, S. 189, 196, Taf. 3, Fig. 12.

Holotypus: Das von WALLISER 1964, Taf. 28, Fig. 28, abgebildete Stück Wa 745/14 im Geol.-Paläont. Institut der Universität Marburg a. d. L.

Locus typicus: Karnische Alpen (Cellon).

Stratum typicum: Schicht 11 D, *amorphognathoides*-Zone, Llandovery, Silur.

Verbreitung: Karnische Alpen (Cellon: *amorphognathoides*-Zone); N. Grauwacken-zone (Eisenerz: *amorphognathoides*-Zone).

Neoprioniodus varians (BRANSON & MEHL, 1941)

* 1941 (*Prioniodus varians*) BRANSON & MEHL 1941 b, S. 174, Taf. 5, Fig. 7, 8.
  1957 (*Prioniodina varians*) ZIEGLER in FLÜGEL & ZIEGLER 1957, S. 50, Tabelle 2.
  1959 (*Neoprioniodus varians*) MÜLLER 1959, S. 91.

Verbreitung: Grazer Paläozoikum (Steinberg: cu II γ); Karnische Alpen (Grüne Schneid: *Pericyclus*-Stufe).

Neoprioniodus ? sp. a

1957 (*Prioniodina* sp. a) ZIEGLER in FLÜGEL & ZIEGLER 1957, S. 50, Taf. 4, Fig. 3, Tabelle 2.

Verbreitung: Grazer Paläozoikum (Steinberg: cu III).

Neoprioniodus ? sp. b

1957 (*Prioniodina* sp. b) ZIEGLER in FLÜGEL & ZIEGLER 1957, S. 50, Taf. 4, Fig. 16, Tabelle 2.

Verbreitung: Grazer Paläozoikum (Steinberg: cu II γ).

Neoprioniodus ? sp. A

v 1966 (*Prioniodina* sp. A) GESSNER 1966, Taf. 8, Fig. 17.

Verbreitung: N. Kalkalpen (Groß-Reifling: Reiflinger Kalk).

Genus: *Nothognathella* BRANSON & MEHL, 1934

Nothognathella abnormis BRANSON & MEHL, 1934

* 1934 (*Nothognathella ? abnormis*) BRANSON & MEHL 1934a, S. 231, Taf. 14, Fig. 1, 2.
  1957 (*Nothognathella abnormis*) ZIEGLER in FLÜGEL & ZIEGLER 1957, Tabelle 1.

Verbreitung: Grazer Paläozoikum (Steinberg: *crepida crepida*-Zone).

Nothognathella sublaevis SANNEMANN, 1955

* 1955 (*Nothognathella sublaevis*) SANNEMANN 1955 b, S. 132, Taf. 3, Fig. 10a, b, 12a, b.
v 1967 (*Nothognathella sublaevis*) PÖLSLER 1967, Tabelle 1.
v 1967 (*Nothognathella sublaevis*) SKALA 1967, S. 218.

Verbreitung: Karnische Alpen (Pipeline-Stollen: to II; Poludnig: to I).

Nothognathella sp.

v 1967 (*Nothognathella* sp.) PÖLSLER 1967, S. 41, 50, Tabelle 1.

Verbreitung: Karnische Alpen (Pipeline-Stollen: to I, II, III).

Genus: *Oistodus* PANDER, 1856

Oistodus breviconus BRANSON & MEHL, 1933

* 1933 (*Oistodus breviconus*) BRANSON & MEHL 1933c, S. 109, Taf. 9, Fig. 13, 14.
v. 1964 (*Oistodus breviconus*) FLAJS 1964, S. 371.
v. 1967 (*Oistodus breviconus*) FLAJS 1967a, S. 191.

Verbreitung: N. Grauwackenzone (Eisenerz: Ordovicium).

Oistodus excelsus STAUFFER, 1935

* 1935 (*Oistodus excelsus*) STAUFFER 1935, S. 610, Taf. 74, Fig. 43.
v. 1967 (*Oistodus excelsus*) FLAJS 1967a, S. 165, 191.

Verbreitung: N. Grauwackenzone (Eisenerz: Ordovicium).

Oistodus parallelus PANDER, 1856

* 1856 (*Oistodus parallelus*) PANDER 1856, S. 27, Taf. 2, Fig. 40.
v. 1965 (*Oistodus parallelus*) FLAJS & PÖLSLER 1965, S. 306.

Verbreitung: Karnische Alpen (Pipeline-Stollen: Bereich I).

Oistodus venustus STAUFFER, 1935

* 1935 (*Oistodus venustus*) STAUFFER 1935, S. 147, Taf. 12, Fig. 12.
v. 1964 (*Oistodus venustus*) FLAJS 1964, S. 371, 372.
v. 1967 (*Oistodus venustus*) FLAJS 1967a, S. 191.

Verbreitung: N. Grauwackenzone (Eisenerz: Ordovicium).

Oistodus sp.

  1967 (*Oistodus* sp.) PÖLSLER 1967, S. 49.
v 1967 (*Oistodus* sp.) FLAJS 1967a, S. 164, 166.

Verbreitung: Karnische Alpen (Pipeline-Stollen: Bereich I: Ordovicium bis tiefes Silur); N. Grauwackenzone (Eisenerz: Ordovicium).

Genus: *Oneotodus* LINDSTRÖM, 1954

Oneotodus ? beckmanni BISCHOFF & SANNEMANN, 1958

* 1958 (*Oneotodus ? beckmanni*) BISCHOFF & SANNEMANN 1958, S. 98, Taf. 15, Fig. 22 bis 25.
v. 1964 (*Oneotodus beckmanni*) FLAJS in FLÜGEL 1964a, S. 744.

Verbreitung: Kärnten (Winkl: Moränengeröll des Ems).

Genus: *Ozarkodina* BRANSON & MEHL, 1933

Ozarkodina arcuata (BRANSON & MEHL, 1934)

* 1934 (*Subbryantodus arcuatus*) BRANSON & MEHL 1934b, S. 285, Taf. 23, Fig. 10, 11.
  1957 (*Ozarkodina arcuata*) ZIEGLER in FLÜGEL & ZIEGLER 1957, Tabelle 1.
? 1957 (*Ozarkodina arcuata ?*) ZIEGLER in FLÜGEL & ZIEGLER 1957, S. 44, Taf. 5, Fig. 4, Tabelle 2.

Verbreitung: Grazer Paläozoikum (Steinberg: *rhomboidea*-Zone bis *costatus*-Zone; ? cu II γ).

Ozarkodina adiutricis WALLISER, 1964

. 1962 (*Ozarkodina* n. sp. a) WALLISER 1962, S. 282, Fig. 1, Nr. 7.
* 1964 (*Ozarkodina adiutricis*) WALLISER 1964, S. 54, Taf. 4, Fig. 14, Taf. 27, Fig. 1—10, Abb. 1a, Abb. 7h—m, Tabelle 1, 2.
1966 (*Ozarkodina adiutricis*) MOSTLER 1966a, S. 2.
1966 (*Ozarkodina adiutricis*) MOSTLER 1966b, S. 162, 163.
1967 (*Ozarkodina adiutricis*) MOSTLER 1967, S. 296.

Holotypus: Das von WALLISER 1964, Taf. 27, Fig. 1, abgebildete Stück Wa 740/5 im Geol.-Paläont. Institut der Universität Marburg a. d. L.

Locus typicus: Karnische Alpen (Cellon).

Stratum typicum: Schicht 10 J, *celloni*-Zone, Llandovery, Silur.

Verbreitung: Karnische Alpen (Cellon: *celloni*-Zone); N. Grauwackenzone (Lachtal-Grundalm: *celloni*-Zone; Kitzbühler Alpen: *celloni*-Zone).

Ozarkodina sp., ex aff. *Ozarkodina adiutricis* WALLISER, 1964

1964 (*Ozarkodina* sp., ex aff. *Ozarkodina adiutricis*) WALLISER 1964, S. 54, Taf. 27, Fig. 11, Abb. 7n.
1966 (*Ozarkodina* sp., ex aff. *Ozarkodina adiutricis*) MOSTLER 1966b, 162.

Verbreitung: Karnische Alpen (Cellon: *celloni*-Zone); N. Grauwackenzone (Lachtal-Grundalm: *celloni*-Zone).

Ozarkodina cf. *ballai* BISCHOFF & ZIEGLER, 1957

* cf. 1957 (*Ozarkodina ballai*) BISCHOFF & ZIEGLER 1957, S. 74, Taf. 13, Fig. 1a—c, 2.
v 1966 (*Ozarkodina* cf. *ballai*) FLAJS 1966, S. 230, Taf. 24, Fig. 7, Tabelle S. 225.

Verbreitung: Grazer Paläozoikum (Kanzel: *asymmetricus*-Zone).

Ozarkodina crassa WALLISER, 1964

* 1964 (*Ozarkodina crassa*) WALLISER 1964, S. 55, Taf. 7, Fig. 9, Taf. 24, Fig. 14—17, Tabelle 1, 2.

Holotypus: Das von WALLISER 1964, Taf. 24, Fig. 16, abgebildete Stück Wa 983/7 im Geol.-Paläont. Institut der Universität Marburg a. d. L.

Locus typicus: Karnische Alpen (Cellon).

Stratum typicum: Schicht 16 A, *crassa*-Zone, Ludlow, Silur.

Verbreitung: Karnische Alpen (Cellon: *crassa*- bis tiefe *ploeckensis*-Zone).

Ozarkodina delicatula (STAUFFER & PLUMMER, 1932)

* 1932 (*Bryantodus delicatulus*) STAUFFER & PLUMMER 1932, S. 29, Taf. 2, Fig. 27.
1957 (*Ozarkodina delicatula*) ZIEGLER in FLÜGEL & ZIEGLER 1957, S. 45, Taf. 5, Fig. 2, Tabelle 2.

Verbreitung: Grazer Paläozoikum (Steinberg: cu II γ, cu III).

Ozarkodina edithae WALLISER, 1964

1962 (*Ozarkodina* n. sp. b) WALLISER 1962, S. 283, Fig. 1, Nr. 15.
* 1964 (*Ozarkodina edithae*) WALLISER 1964, S. 55, Taf. 7, Fig. 6, Taf. 26, Fig. 12—18, Tabelle 1, 2.
v. 1967 (*Ozarkodina edithae*) FLAJS 1967a, S. 180, 181, 197, Taf. 4, Fig. 5.

4

Holotypus: Das von WALLISER 1964, Taf. 26, Fig. 18, abgebildete Stück Wa 514/1 im Geol.-Paläont. Institut der Universität Marburg a. d. L.

Locus typicus: Karnische Alpen (Cellon).

Stratum typicum: Schicht 14, *sagitta*-Zone, Ludlow, Silur.

Verbreitung: Karnische Alpen (Cellon: *sagitta*-Zone); N. Grauwackenzone (Eisenerz: *sagitta*-Zone).

Ozarkodina elegans (STAUFFER, 1938)

* 1938 (*Ctenognathus elegans*) STAUFFER 1938, S. 424, Taf. 48, Fig. 9, 12.
v 1967 (*Ozarkodina elegans*) PÖLSLER 1967, S. 42, 43, 45, 46, Tabelle 1.
v 1967 (*Ozarkodina elegans*) SKALA 1967, S. 218.

Verbreitung: Karnische Alpen (Pipeline-Stollen: to II; Poludnig: to I).

Ozarkodina elongata BRANSON, E. R., 1934

* 1934 (*Ozarkodina elongata*) BRANSON, E. R. 1934, S. 323, Taf. 28, Fig. 25.
1957 (*Ozarkodina elongata*) ZIEGLER in FLÜGEL & ZIEGLER 1957, Tabelle 1.

Verbreitung: Grazer Paläozoikum (Steinberg: *velifera*-Zone, *costatus*-Zone).

Ozarkodina fundamentata (WALLISER, 1957)

* 1957 (*Spathognathodus fundamentatus*) WALLISER, S. 47, Tabelle 1, Taf. 1, Fig. 11—15.
1957 (*Spathognathodus* cf. *primus*) WALLISER 1957, Tabelle 1, S. 48.
v. 1963 (*Spathognathodus fundamentatus*) FLAJS in FLAJS, FLÜGEL & HASLER 1963, S. 127.
1964 (*Ozarkodina fundamentata*) WALLISER 1964, S. 56, Abb. 3d, e, Taf. 7, Fig. 18,
     Taf. 23, Fig. 5—24, Tabelle 1, 2.
v. 1967 (*Ozarkodina fundamentata*) FLAJS 1967a, S. 173, 179, 190, 197, Taf. 5, Fig. 2.
v. 1967 (*Ozarkodina fundamentata*) FLAJS 1967b, S. 128.

Verbreitung: Karnische Alpen (Rauchkofel: *alticola*-Kalk; Cellon: *crassa*- bis *siluricus*-Zone); N. Grauwackenzone (Eisenerz: *crassa*- bis *siluricus*-Zone).

Ozarkodina cf. *fundamentata* (WALLISER, 1964)

1964 (*Ozarkodina* cf. *fundamentata*) WALLISER 1964, Tabelle 2.
v 1967 (*Ozarkodina* cf. *fundamentata*) FLAJS 1967a, S. 172.

Verbreitung: Karnische Alpen (Cellon: *ploeckensis*-, *siluricus*-Zone); N. Grauwackenzone (Eisenerz: Ludlow?).

Ozarkodina gaertneri WALLISER, 1964

. 1962 (ohne Namen) WALLISER 1962, S. 282, Fig. 1, Nr. 11.
* 1964 (*Ozarkodina gaertneri*) WALLISER 1964, S. 57, Abb. 1g, Taf. 6, Fig. 6, Taf. 27,
     Fig. 12—19, Tabelle 1, 2.
v. 1964 (WALLISER 1962, Nr. 11) FLAJS 1964, S. 375.
1965 (*Ozarkodina gaertneri*) MOSTLER 1965a, S. 165.
1966 (*Ozarkodina gaertneri*) MOSTLER 1966b, S. 163.
v. 1967 (*Ozarkodina gaertneri*) FLAJS 1967a, S. 189, 196, Taf. 3, Fig. 9a, b.

Holotypus: Das von WALLISER 1964, Taf. 27, Fig. 14, abgebildete Stück Wa 510/1 im Geol.-Paläont. Institut der Universität Marburg a. d. L.

Locus typicus: Karnische Alpen (Cellon).

Stratum typicum: Schicht 11, *amorphognathoides*-Zone, Llandovery, Silur.

Verbreitung: Karnische Alpen (Cellon: *amorphognathoides*-Zone); N. Grauwackenzone (Kitzbühler Alpen: *amorphognathoides*-Zone; Lachtal-Grundalm: *amorphognathoides*-Zone; Eisenerz: *amorphognathoides*-Zone).

Ozarkodina jaegeri WALLISER, 1964

* 1964 (*Ozarkodina jaegeri*) WALLISER 1964, S. 57, Abb. 3n, o, Taf. 9, Fig. 16, Taf. 25, Fig. 11—18, Tabelle 1, 2.
v ?1967 (*Ozarkodina jaegeri*) SKALA 1967, S. 217.

Holotypus: Das von WALLISER 1964, Taf. 25, Fig. 17, abgebildete Stück Wa 1022/5 im Geol.-Paläont. Institut der Universität Marburg a. d. L.

Locus typicus: Karnische Alpen (Cellon).

Stratum typicum: Schicht 28 B, *latialatus*-Zone, Ludlow, Silur.

Verbreitung: Karnische Alpen (Cellon: *latialatus*- bis *eosteinhornensis*-Zone; ? Poludnig: höheres Silur?).

Ozarkodina cf. *jaegeri* WALLISER, 1964

1964 (*Ozarkodina* cf. *jaegeri*) WALLISER 1964, Taf. 25, Fig. 18.

Verbreitung: Karnische Alpen (Cellon: *eosteinhornensis*-Zone).

Ozarkodina kockeli TATGE, 1956

* 1956 (*Ozarkodina kockeli*) TATGE 1956, S. 137, Taf. 5, Fig. 13, 14.
v 1966 (*Ozarkodina kockeli*) GESSNER 1966, Taf. 7, Fig. 22—23, Tabelle 4.
Verbreitung: N. Kalkalpen (Groß-Reifling: Karn).

Ozarkodina media WALLISER, 1957

* 1957 (*Ozarkodina media*) WALLISER 1957, S. 40, Tabelle 1, Taf. 1, Fig. 21—25.
  1961 (*Ozarkodina media*) WALLISER in FLÜGEL 1961, S. 36.
  1962 (*Ozarkodina media*) WALLISER 1962, S. 283, Fig. 1, Nr. 18.
v. 1963 (*Ozarkodina media*) FLAJS in FLAJS, FLÜGEL & HASLER 1963, S. 126.
v. 1963 (*Plectospathodus robustus*) FLAJS in FLAJS, FLÜGEL & HASLER 1963, S. 127.
  1964 (*Ozarkodina media*) MOSTLER 1964, S. 25.
  1964 (*Ozarkodina media*) WALLISER 1964, S. 58, Taf. 26, Fig. 19, 21—30, 34, Tabelle 1, 2.
v. 1966 (*Ozarkodina media*) FLAJS in FLAJS & GRÄF 1966, S. 172.
  1966 (*Ozarkodina media*) MOSTLER 1966b, S. 166, 167.
  1966 (*Ozarkodina media*) MOSTLER 1966c, S. 25.
v 1967 (*Ozarkodina media*) PÖLSLER 1967, S. 47, 48.
v. 1967 (*Ozarkodina media*) FLAJS 1967a, S. 171, 172, 174, 176, 179, 181.
v. 1967 (*Ozarkodina media*) FLAJS 1967b, S. 128.

Verbreitung: Karnische Alpen (Rauchkofel: *alticola*-Niveau; Cellon: *patula*-Zone bis Unter-Devon; Pipeline-Stollen: Ludlow bis Unter-Devon); Grazer Paläozoikum (Laufnitzdorf: Ludlow); N. Grauwackenzone (Eisenerz: Ludlow; Schwazer Dolomit: Unter-Devon?; Lachtal-Grundalm: *patula*-Zone; Entachen-Alm: Ludlow bis Unter-Ems); Geröll der Kainacher Gosau (Ludlow).

4*

Ozarkodina cf. *media* WALLISER, 1957

1961 (*Ozarkodina* cf. *media*) WALLISER in FLÜGEL 1961, S. 36.
1964 (*Ozarkodina* cf. *media*) MOSTLER 1964, S. 225.
1964 (*Ozarkodina* cf. *media*) WALLISER 1964, Tabelle 2.

Verbreitung: Grazer Paläozoikum (Laufnitzdorf: Ludlow); N. Grauwackenzone (Schwazer Dolomit: Unter-Devon?); Karnische Alpen (Cellon: *sagitta*-Zone).

Ozarkodina sp. ex. aff. *O. media*

1963 (*Ozarkodina* sp. ex aff. *O. media*) WALLISER in CLAR, FRITSCH, MEIXNER, PILGER & SCHÖNENBERG 1963, S. 30.

Verbreitung: Mittel-Kärnten (Klein St. Paul: Wenlock bis Unter-Ems).

Ozarkodina ortuiformis WALLISER, 1964

* 1964 (*Ozarkodina ortuiformis*) WALLISER 1964, S. 59, Abb. 3 l, m, Taf. 9, Fig. 18, Taf. 24, Fig. 7—13, Tabelle 1, 2.

Holotypus: Das von WALLISER 1964, Taf. 24, Fig.10, abgebildete Stück Wa 1047/2 im Geol.-Paläont. Institut der Universität Marburg a. d. L.
Locus typicus: Karnische Alpen (Cellon).
Stratum typicum: Schicht 42 A, *eosteinhornensis*-Zone, Ludlow, Silur.
Verbreitung: Karnische Alpen (Cellon: *eosteinhornensis*-Zone).

Ozarkodina cf. *ortuiformis* WALLISER, 1964

1964 (*Ozarkodina* cf. *ortuiformis*) WALLISER 1964, Taf. 24, Fig. 9.

Verbreitung: Karnische Alpen (Cellon: *eosteinhornensis*-Zone).

Ozarkodina ortus WALLISER, 1964

* 1964 (*Ozarkodina ortus*) WALLISER 1964, S. 59, Abb. 3a—c, Taf. 7, Fig. 14, Taf. 24, Fig. 1—6, Tabelle 1, 2.

Holotypus: Das von WALLISER 1964, Taf. 24, Abb. 1, abgebildete Stück Wa 956/4 im Geol.-Paläont. Institut der Universität Marburg a. d. L.
Locus typicus: Karnische Alpen (Cellon).
Stratum typicum: Schicht 12 D, *patula*-Zone, Wenlock, Silur.
Verbreitung: Karnische Alpen (Cellon: *patula*- bis *crassa*-Zone).

Ozarkodina regularis BRANSON & MEHL, 1934

* 1934 (*Ozarkodina regularis*) BRANSON & MEHL 1934b, S. 287, Taf. 23, Fig. 13, 14.
v 1967 (*Ozarkodina regularis*) PÖLSLER 1967, Tabelle 1.

Verbreitung: Karnische Alpen (Pipeline-Stollen: to II).

Ozarkodina roundyi (HASS, 1953)

* 1953 (*Subbryantodus roundyi*) HASS 1953, S. 89, Taf. 14, Fig. 3—6.
1957 (*Ozarkodina roundyi*) ZIEGLER in FLÜGEL & ZIEGLER 1957, S. 45, Taf. 5, Fig. 1, 5, 8, 9, Tabelle 2.
v. 1965 (*Ozarkodina roundyi*) FLAJS & PÖLSLER 1965, S. 307.
v 1967 (*Ozarkodina roundyi*) PÖLSLER 1967, S. 40.

Verbreitung: Grazer Paläozoikum (Steinberg: cu II γ, cu III); Karnische Alpen (Pipeline-Stollen: cu II β).

Ozarkodina cf. *roundyi* (HASS, 1953)

1959 (cf. *Subbryantodus roundyi*) MÜLLER 1959, S. 92.

Verbreitung: Karnische Alpen (Grüne Schneid: *Pericyclus*-Stufe).

Ozarkodina saginata HUCKRIEDE, 1958

* 1958 (*Ozarkodina saginata*) HUCKRIEDE 1958, S. 153, Taf. 13, Fig. 16, 17, 20.
1959 (*Ozarkodina saginata*) HUCKRIEDE 1959b, S. 49.
? 1967 (*Ozarkodina saginata* ?) FLÜGEL, E. 1967, S. 94.

Holotypus: Das von HUCKRIEDE 1958, Taf. 13, Fig. 17, abgebildete Stück Hu 58/ 158 im Geol.-Paläont. Institut der Universität Marburg a. d. L.
Locus typicus: Feuerkogel beim Röthelstein.
Stratum typicum: Jul, Zone des *Trachyceras austriacum*, Karnische Stufe, Trias.
Verbreitung: N. Kalkalpen (Lechtaler Alpen: Illyr; Saalfelden: Illyr; Martinswand bei Innsbruck: Illyr; Feuerkogel: Jul, Tuval?; Siriuskogel: Jul—Sevat).

Ozarkodina cf. *saginata* HUCKRIEDE, 1958

1967 (*Ozarkodina* cf. *saginata*) SCHLAGER 1967, S. 223.

Verbreitung: N. Kalkalpen (Dachstein: Cordevol?).

Ozarkodina spassovi STEFANOV, 1962

* 1962 (*Ozarkodina spassovi*) STEFANOV 1962, S. 87, Taf. 2, Fig. 1, 2.
v 1966 (*Ozarkodina spassovi*) GESSNER 1966, Taf. 7, Fig. 15, Tabelle 4.

Verbreitung: N. Kalkalpen (Groß-Reifling: Karn, Trias).

Ozarkodina stipens (REXROAD, 1957)

* 1957 (*Subbryantodus stipens*) REXROAD 1957, S. 39, Taf. 4, Fig. 1.
1959 (*Subbryantodus stipens*) MÜLLER 1959, S. 91.

Verbreitung: Karnische Alpen (Grüne Schneid: *Pericyclus*-Stufe).

Ozarkodina tortilis TATGE, 1956

* 1956 (*Ozarkodina tortilis*) TATGE 1956, S. 138, Taf. 5, Fig. 9—11.
1958 (*Ozarkodina tortilis*) HUCKRIEDE 1958, S. 154, Taf. 10, Fig. 44, 47, Taf. 11, Fig. 26, 28, 30, Taf. 14, Fig. 15, 45, 46.
1959 (*Ozarkodina tortilis*) HUCKRIEDE 1959a, S. 417.
1959 (*Ozarkodina tortilis*) HUCKRIEDE 1959b, S. 48, 49.
v 1966 (*Ozarkodina tortilis*) GESSNER 1966, Taf. 7, Fig. 18, Tabelle 4.
v. 1966 (*Ozarkodina tortilis*) FLÜGEL 1966, S. 266.
1967 (*Ozarkodina tortilis*) FLÜGEL, E. 1967, S. 94.

Verbreitung: N. Kalkalpen (Reutte: Pelson; Saalfelden: Pelson/Illyr; Kaisertal: Pelson/Illyr; Stanzertal: Pelson/Illyr; Schiechlingshöhe: Illyr; Lärcheck bei Hallein: Illyr; Feuerkogel: Tuval; Groß-Reifling: Karn; Siriuskogel: Jul—Sevat); S. Kalkalpen (Dobratsch: Illyr); Trias-Geröll in den Gams-Konglomeraten.

Ozarkodina typica BRANSON & MEHL, 1933
Ozarkodina typica denckmanni ZIEGLER, 1956

* 1956 (*Ozarkodina denckmanni*) ZIEGLER 1956, S. 103, Taf. 6, Fig. 30, 31, Taf. 7, Fig. 1, 2.
1962 (*Ozarkodina denckmanni*) WALLISER 1962, S. 283, Fig. 1, Nr. 32.

v. 1964 (*Ozarkodina denckmanni*) FLAJS in FLÜGEL 1964a, S. 744.
v. 1964 (*Ozarkodina denckmanni*) FLAJS in FLÜGEL 1964b, S. 412.
   1964 (*Ozarkodina denckmanni*) SCHULZE 1964, S. 109.
   1964 (*Ozarkodina typica denckmanni*) WALLISER 1964, S. 61, Taf. 9, Fig. 14, Taf. 10,
     Fig. 24, Taf. 26, Fig. 5, 8—11, Tabelle 1, 2.
   1965 (*Ozarkodina typica denckmanni*) SCHULZE in SCHÖNENBERG 1965, S. 30.
v 1967 (*Ozarkodina typica denckmanni*) PÖLSLER 1967, S. 41, 48, 50.
v. 1967 (*Ozarkodina typica denckmanni*) FLAJS 1967a, S. 168, 169.
v 1967 (*Ozarkodina typica denckmanni*) SKALA 1967, S. 218, 219.

Verbreitung: Karnische Alpen (Cellon: *eosteinhornensis*-Zone bis Ober-Ems; Pipeline-Stollen: Ludlow bis Ems; Poludnig: Ems); Karawanken (Pasterk-Felsen: Unter-Devon; Seeberg-Sattel: *woschmidti*-Zone); Mittel-Kärnten (Moränengeröll bei Winkl: Ems); N. Grauwackenzone (Eisenerz: höheres Unter-Devon).

Ozarkodina cf. *typica denckmanni* ZIEGLER, 1956

   1964 (*Ozarkodina* cf. *typica denckmanni*) WALLISER 1964, Tabelle 2.
v 1967 (*Ozarkodina* cf. *typica denckmanni*) FLAJS 1967a, S. 176, 202, Taf. 5, Fig. 11a, b.

Verbreitung: N. Grauwackenzone (Eisenerz: *eosteinhornensis*-Zone bis Ems); Karnische Alpen (Cellon: *eosteinhornensis*-Zone).

Ozarkodina typica typica BRANSON & MEHL, 1933

* 1933 (*Ozarkodina typica*) BRANSON & MEHL 1933b, S. 51, Taf. 3, Fig. 43—45.
. 1964 (*Ozarkodina typica typica*) WALLISER 1964, S. 61, Taf. 9, Fig. 21, Taf. 25, Fig. 20,
     Taf. 26, Fig. 2, Tabelle 1, 2.
v 1967 (*Ozarkodina typica typica*) PÖLSLER 1967, S. 50.
v 1967 (*Ozarkodina typica typica*) SKALA 1967, S. 218.

Verbreitung: Karnische Alpen (Cellon: *crispus*- bis *eosteinhornensis*-Zone; Pipeline-Stollen: Ludlow; Poludnig: höheres Silur).

Ozarkodina cf. *typica typica* BRANSON & MEHL, 1933

1964 (*Ozarkodina* cf. *typica typica*) WALLISER 1964, Tabelle 2.

Verbreitung: Karnische Alpen (Cellon: *eosteinhornensis*-, *woschmidti*-Zone).

Ozarkodina ziegleri WALLISER, 1957

Ozarkodina ziegleri aequalis WALLISER, 1964

* 1964 (*Ozarkodina ziegleri aequalis*) WALLISER 1964, S. 62, Abb. 3f, Taf. 7, Fig. 1, Taf. 24,
     Fig. 19—21, Tabelle 1, 2.

Holotypus: Das von WALLISER 1964, Taf. 24, Fig. 21, abgebildete Stück Wa 956/6 im Geol.-Paläont. Institut der Universität Marburg a. d. L.
Locus typicus: Karnische Alpen (Cellon).
Stratum typicum: Schicht 12 D, *patula*-Zone, Wenlock, Silur.
Verbreitung: Karnische Alpen (Cellon: *patula*-Zone).

Ozarkodina ziegleri tenuiramea WALLISER, 1964

* 1964 (*Ozarkodina ziegleri tenuiramea*) WALLISER 1964, S. 62, Abb. 3 g, h, Taf. 7,
     Fig. 15, Taf. 24, Fig. 22—28, Tabelle 1, 2.
v. 1966 (*Ozarkodina ziegleri tenuiramea*) FLAJS in FLAJS & GRÄF 1966, S. 172.

Holotypus: Das von WALLISER 1964, Taf. 24, Fig. 26, abgebildete Stück Wa 516/3 im Geol.Paläont. Institut der Universität Marburg a. d. L.

Locus typicus: Karnische Alpen (Cellon).

Stratum typicum: Schicht 16, *crassa*-Zone, Ludlow, Silur.

Verbreitung: Karnische Alpen (Cellon: *crassa*- bis *siluricus*-Zone); Grazer Paläozoikum (Laufnitzdorf: Ludlow).

Ozarkodina cf. *ziegleri tenuiramea* WALLISER, 1964

1964 (*Ozarkodina* cf. *ziegleri tenuiramea*) WALLISER 1964, Tabelle 2.

Verbreitung: Karnische Alpen (Cellon: *ploeckensis*-Zone).

Ozarkodina ziegleri ziegleri WALLISER, 1957

* 1957 (*Ozarkodina ziegleri*) WALLISER 1957, S. 41, Tabelle 1, Taf. 1, Fig. 26—30.

v. 1963 (*Ozarkodina ziegleri*) FLAJS in FLAJS, FLÜGEL & HASLER 1963, S. 126.

. 1964 (*Ozarkodina ziegleri ziegleri*) WALLISER 1964, S. 63, Taf. 25, Fig. 1—10, Abb. 3i, k, Tabelle 1, 2.

v. 1967 (*Ozarkodina ziegleri ziegleri*) FLAJS 1967a, S. 173, 179, Taf. 5, Fig. 3.

v 1967 (*Ozarkodina ziegleri ziegleri*) PÖLSLER 1967, S. 48.

Verbreitung: Karnische Alpen (Cellon: *crassa*- bis *siluricus*-Zone; Pipeline-Stollen: Ludlow); N. Grauwackenzone (Eisenerz: *crassa*- bis *siluricus*-Zone).

Ozarkodina ziegleri subsp. indet.

v 1966 (*Ozarkodina ziegleri* subsp. indet.) FLAJS in FLAJS & GRÄF 1966, S. 171.

v 1967 (*Ozarkodina ziegleri* subsp. indet.) FLAJS 1967b, S. 128.

Verbreitung: Ludlow-Geröll der Kainacher Gosau; N. Grauwackenzone (Eisenerz: *ploeckensis*-Zone, *siluricus*-Zone).

Ozarkodina sp. A HUCKRIEDE, 1958

1958 (*Ozarkodina* sp. A) HUCKRIEDE 1958, S. 155, Taf. 14, Fig. 34.

Verbreitung: N. Kalkalpen (Someraukogel: Alaun).

Ozarkodina sp. B HUCKRIEDE, 1958

1958 (*Ozarkodina* sp. B) HUCKRIEDE 1958, S. 155, Taf. 14, Fig. 35.

Verbreitung: N. Kalkalpen (Someraukogel: Alaun).

Ozarkodina sp. indet.

1963 (*Ozarkodina* sp. indet.) WIRTH in CLAR, FRITSCH, MEIXNER, PILGER & SCHÖNENBERG 1963, S. 31.

Verbreitung: Mittel-Kärnten (Klein St. Paul: *rhomboidea*-Zone).

Ozarkodina sp.

1959 (*Ozarkodina* sp.) HUCKRIEDE 1959b, S. 47.

1964 (*Ozarkodina* sp.) WALLISER, S. 63, Taf. 4, Fig. 9, Taf. 32, Fig. 1, Tabelle 1.

1964 (*Ozarkodina* sp.) MOSTLER 1964, S. 225.

1967 (*Ozarkodina* sp.) SCHLAGER 1967, S. 273, 274.

Verbreitung: N. Kalkalpen (Lechtaler Alpen: Hydasp/Pelson; Dachstein: Ladin); Karnische Alpen (Cellon: Bereich I); N. Grauwackenzone (Schwazer Dolomit: Unter-Devon?).

Genus: *Pachycladina* STAESCHE, 1964

Pachycladina longispinosa STAESCHE, 1964

* 1964 (*Pachycladina longispinosa*) STAESCHE 1964, S. 285, Abb. 15, 22, 32, 56—58, Taf. 30, Fig. 2, Taf. 31, Fig. 2.
v. 1965 (*Pachycladina longispinosa*) FLÜGEL 1965b, S. 33.

Verbreitung: S. Kalkalpen (Kühweger Köpfl: Campiler Schichten).

Genus: *Palmatodella* ULRICH & BASSLER, 1926

Palmatodella delicatula ULRICH & BASSLER, 1926

* 1926 (*Palmatodella delicatula*) ULRICH & BASSLER, S. 41, Abb. 20 (non Taf. 10, Fig. 5).
1957 (*Palmatodella delicatula*) ZIEGLER in FLÜGEL & ZIEGLER 1957, Tabelle 1.
v 1967 (*Palmatodella delicatula*) PÖLSLER 1967, Tabelle 1.

Verbreitung: Grazer Paläozoikum (Steinberg: *quadrantinodosa-*, *styriacus*-Zone); Karnische Alpen (Pipeline-Stollen: to II).

Palmatodella unca SANNEMANN, 1955

* 1955 (*Palmatodella unca*) SANNEMANN 1955b, S. 134, Taf. 4, Fig. 10, 11.
v 1967 (*Palmatodella unca*) PÖLSLER 1967, Tabelle 1.

Verbreitung: Karnische Alpen (Pipeline-Stollen: to II).

Genus: *Palmatolepis* ULRICH & BASSLER, 1926

Palmatolepis crepida SANNEMANN, 1955

Palmatolepis crepida crepida SANNEMANN, 1955

* 1955 (*Palmatolepis crepida*) SANNEMANN 1955b, S. 134, Taf. 6, Fig. 21, Abb. 1.
1957 (*Palmatolepis crepida*) ZIEGLER in FLÜGEL & ZIEGLER 1957, S. 29, 30, Tabelle 1.
1962 (*Palmatolepis crepida crepida*) ZIEGLER, S. 29.
v 1967 (*Palmatolepis crepida crepida*) PÖLSLER 1967, S. 46, Tabelle 1.

Verbreitung: Grazer Paläozoikum (Steinberg: *crepida crepida*-Zone); Karnische Alpen (Pipeline-Stollen: to II).

Palmatolepis distorta BRANSON & MEHL, 1934

* 1934 (*Palmatolepis distorta*) BRANSON & MEHL 1934a, S. 237, Taf. 18, Fig. 13, 14.
1957 (*Palmatolepis distorta*) ZIEGLER in FLÜGEL & ZIEGLER 1957, S. 30, Taf. 1, Fig. 5, Tabelle 1.
1962 (*Palmatolepis distorta*) ZIEGLER 1962, S. 33, 34, 35, 38.
v. 1965 (*Palmatolepis distorta*) FLAJS & PÖLSLER 1965, S. 307.
v 1967 (*Palmatolepis distorta*) KODSI 1967, S. 418, 419, 421, Abb. 6, Fig. 1.
v 1967 (*Palmatolepis distorta*) PÖLSLER 1967, S. 43, 50.
v 1967 (*Palmatolepis distorta*) SKALA 1967, S. 218.

Verbreitung: Grazer Paläozoikum (Steinberg: *quadrantinodosa-* bis *styriacus*-Zone; Kanzel: to II, III, umgelagert im cu); Karnische Alpen (Pipeline-Stollen: to II/III; Poludnig: to III).

Palmatolepis glabra Ulrich & Bassler, 1926
Palmatolepis glabra glabra Ulrich & Bassler, 1926

* 1926 (*Palmatolepis glabra*) Ulrich & Bassler 1926, S. 51, Taf. 9, Fig. 18—20.
? 1956 (*Palmatolepis* [*Palmatolepis*] *glabra*) Müller 1956, S. 25, 42 (partim?).
  1957 (*Palmatolepis glabra*) Ziegler in Flügel & Ziegler 1957, S. 32, Tabelle 1 partim.
  1961 (*Palmatolepis glabra*) Flügel 1961, S. 63, partim.
? 1963 (*Palmatolepis glabra*? *glabra*) Wirth in Clar, Fritsch, Meixner, Pilger
    & Schönenberg 1963, S. 31.
v. 1965 (*Palmatolepis glabra glabra*) Flajs & Pölsler 1965, S. 307.
v 1967 (*Palmatolepis glabra glabra*) Pölsler 1967, S. 43, 45, 46, 50, Tabelle 1.
v 1967 (*Palmatolepis glabra glabra*) Skala 1967, S. 218.

Verbreitung: Karnische Alpen (Poludnig: to II; Pal: *Oxyclymenia*-Stufe; Pipeline-Stollen: to II/III); Mittel-Kärnten (Klein St. Paul?: *rhomboidea*-Zone); Grazer Paläozoikum: *crepida crepida*- bis *costatus*-Zone?).

Bemerkungen: Zur Synonymie der von Müller 1956 vom Pal als *Palmatolepis glabra* beschriebenen Formen vgl. Ziegler 1960 a.

Palmatolepis glabra elongata Holmes, 1928

* 1928 (*Palmatolepis elongata*) Holmes, S. 33, Taf. 11, Fig. 33.
? 1956 (*Palmatolepis* [*Palmatolepis*] *glabra*) Müller 1956, S. 25, 42 (partim?, vgl. Be-
    merkungen bei *P. glabra glabra*).
  1957 (*Palmatolepis glabra*) Ziegler in Flügel & Ziegler 1957, S. 32, Tabelle 1 partim.
  1961 (*Palmatolepis glabra*) Flügel 1961, S. 63, partim.
  1962 (*Palmatolepis glabra elongata*) Ziegler 1962, S. 34.

Verbreitung: Grazer Paläozoikum (Steinberg: *quadrantinodosa*-Zone); Karnische Alpen (Pal: *Oxyclymenia*-Stufe)

Palmatolepis glabra pectinata Ziegler, 1960

? 1956 (*Palmatolepis* [*Palmatolepis*] *glabra*) Müller 1956, S. 25, 42 (partim?, vgl. Be-
    merkungen bei *P. glabra glabra*).
  1957 (*Palmatolepis glabra*) Ziegler in Flügel & Ziegler 1957, S. 32, Tabelle 1 partim.
* 1960 (*Palmatolepis glabra pectinata*) Ziegler 1960a, S. 8, Taf. 2, Fig. 3—5.
  1961 (*Palmatolepis glabra*) Flügel 1961, S. 63, partim.
  1962 (*Palmatolepis glabra pectinata*) Ziegler 1962, S. 33, 34.
  1963 (*Palmatolepis glabra pectinata*) Wirth in Clar, Fritsch, Meixner, Pilger
    & Schönenberg 1963, S. 30.
v 1967 (*Palmatolepis glabra pectinata*) Kodsi 1967, S. 418, 419, 422.
v 1967 (*Palmatolepis glabra pectinata*) Pölsler 1967, S. 45, 50.

Verbreitung: Grazer Paläozoikum (Steinberg: *quadrantinodosa*-Zone; Kanzel: to II/III und umgelagert im cu); Mittel-Kärnten (Klein St. Paul: *rhomboidea*-Zone); Karnische Alpen (Pipeline-Stollen: to II; Pal: *Oxyclymenia*-Stufe).

Palmatolepis glabra ssp. indet.

  1963 (*Palmatolepis glabra* ssp. indet.) Wirth in Clar, Fritsch, Meixner, Pilger
    & Schönenberg 1963, S. 30.

Verbreitung: Mittel-Kärnten (Klein St. Paul: *rhomboidea*-Zone).

Palmatolepis gonioclymeniae MÜLLER, 1956

* 1956 (*Palmatolepis* [*Palmatolepis*] *gonioclymeniae*) MÜLLER 1956, S. 26, 42, Taf. 7,
  Fig. 12, 16—19.
  1962 (*Palmatolepis gonioclymeniae*) ZIEGLER 1962, S. 42.

  Verbreitung: Karnische Alpen (Pal: *Oxyclymenia*- oder *Wocklumeria*-Stufe); Grazer Paläozoikum (Steinberg: *costatus*-Zone).

Palmatolepis gracilis BRANSON & MEHL, 1934

Palmatolepis gracilis gracilis BRANSON & MEHL, 1934

* 1934 (*Palmatolepis gracilis*) BRANSON & MEHL 1934a, S. 238, Taf. 18, Fig. 8 (non
  Fig. 2, 5).
  1956 (*Palmatolepis* [*Deflectolepis*] *deflectens*) MÜLLER 1956, S. 32, 39, 42.
  1957 (*Palmatolepis gracilis*) ZIEGLER in FLÜGEL & ZIEGLER, S. 31, 32, Taf. 1, Fig. 4,
  Tabelle 1.
  1959 (*Palmatolepis* [*Deflectolepis*] *deflectens*) MÜLLER 1959, S. 91, 92.
v. 1965 (*Palmatolepis deflectens deflectens*) FLAJS & PÖLSLER 1965, S. 307.
v 1967 (*Palmatolepis gracilis*) PÖLSLER 1967, S. 43, 45, 49, 50.

  Verbreitung: Karnische Alpen (Grüne Schneid: *Wocklumeria*-Stufe; Pal: *Oxyclymenia*- und *Wocklumeria*-Stufe; Pipeline-Stollen: *costatus*-Zone, to II, to V/VI); Grazer Paläozoikum (Steinberg: *quadrantinodosa*- bis *costatus*-Zone).

Palmatolepis gracilis sigmoidalis ZIEGLER, 1962

* 1962 (*Palmatolepis deflectens sigmoidalis*) ZIEGLER 1962, S. 56, Taf. 3, Fig. 24—28.
v 1967 (*Palmatolepis gracilis sigmoidalis*) PÖLSLER 1967, S. 49.

  Verbreitung: Karnische Alpen (Pipeline-Stollen: *costatus*-Zone).

Palmatolepis helmsi ZIEGLER, 1962

* 1962 (*Palmatolepis helmsi*) ZIEGLER 1962, S. 60, Taf. 8, Fig. 16, 17.
v 1967 (*Palmatolepis helmsi*) KODSI 1967, S. 418, 419, 422, Abb. 6, Fig. 8.

  Verbreitung: Grazer Paläozoikum (Kanzel: to III, aufgearbeitet im cu).

Palmatolepis marginata STAUFFER, 1938

Palmatolepis marginata clarki ZIEGLER, 1962

* 1962 (*Palmatolepis marginata clarki*) ZIEGLER 1962, S. 62, Taf. 2, Fig. 20—27, Abb. 4.
v 1967 (*Palmatolepis marginata clarki*?) PÖLSLER 1967, S. 41, 42.

  Verbreitung: Karnische Alpen (Pipeline-Stollen: to I).

Palmatolepis marginata marginata STAUFFER, 1938

* 1938 (*Palmatolepis marginatus*) STAUFFER 1938, S. 437, Taf. 53, Fig. 3, 7, 8, 13, 17.
v 1967 (*Palmatolepis marginata marginata*) PÖLSLER 1967, S. 41, 42, 46.

  Verbreitung: Karnische Alpen (Pipeline-Stollen: to I).

Palmatolepis martenbergensis MÜLLER, 1956

* 1956 (*Palmatolepis* [*Manticolepis*] *martenbergensis*) MÜLLER 1956, S. 19, Taf. 1, Fig. 3
     bis 8, Taf. 2, Fig. 10—13.
v. 1966 (*Palmatolepis martenbergensis*) FLAJS 1966, S. 226, Tabelle S. 225, Taf. 23, Fig. 3a,
     b.
v 1967 (*Palmatolepis martenbergensis*) PÖLSLER 1967, S. 46.

   Verbreitung: Grazer Paläozoikum (Kanzel: *asymmetricus*-Zone); Karnische Alpen
(Pipeline-Stollen: to I).

Palmatolepis cf. maxima MÜLLER, 1956

* cf. 1956 (*Palmatolepis* [*Palmatolepis*] *maxima*) MÜLLER 1956, S. 29, Taf. 9, Fig. 37—40,
     Taf. 10, Fig. 1, 2.
  1956 (*Palmatolepis* cf. *maxima*) MÜLLER 1956, S. 42.

   Verbreitung: Karnische Alpen (Gr. Pal: *Oxyclymenia*- oder *Wocklumeria*-Stufe).

Palmatolepis minuta BRANSON & MEHL, 1934

Palmatolepis minuta minuta BRANSON & MEHL, 1934

* 1934 (*Palmatolepis minuta*) BRANSON & MEHL 1934a, S. 236, Taf. 18, Fig. 1, 6, 7.
  1957 (*Palmatolepis minuta*) ZIEGLER in FLÜGEL & ZIEGLER 1957, Taf. 1, Fig. 2,
     Tabelle 1 partim.
  1961 (*Palmatolepis minuta*) FLÜGEL 1961, S. 63, partim.
v. 1963 (*Palmatolepis minuta minuta*) HASLER in FLAJS, FLÜGEL & HASLER 1963, S. 126.
v 1967 (*Palmatolepis minuta*) SKALA 1967, S. 218.
v 1967 (*Palmatolepis minuta minuta*) KODSI 1967, S. 418, 419, 424, Abb. 6, Fig. 2.
v 1967 (*Palmatolepis minuta minuta*) PÖLSLER 1967, S. 42, 43, 45, 46, 50, Tabelle 1.

   Verbreitung: Grazer Paläozoikum (Steinberg: *crepida crepida*-Zone, *rhomboidea*-
Zone; Kanzel: to III, aufgearbeitet im cu); Karnische Alpen (Pipeline-Stollen: to I—III;
Poludnig: to I; Findenig: to)

Palmatolepis minuta subgracilis BISCHOFF, 1956

* 1956 (*Palmatolepis subgracilis*) BISCHOFF 1956, S. 130, Taf. 9, Fig. 12, 19, Taf. 10, Fig. 13.
? 1957 (*Palmatolepis subgracilis*?) ZIEGLER in FLÜGEL & ZIEGLER 1957, S. 29, Tabelle 1.
   Verbreitung: Grazer Paläozoikum (Steinberg: to I).

Palmatolepis minuta n. subsp. ZIEGLER, 1962

  1957 (*Palmatolepis minuta*) ZIEGLER in FLÜGEL & ZIEGLER 1957, Tabelle 1 partim.
  1961 (*Palmatolepis minuta*) FLÜGEL 1957, S. 63, partim.
  1962 (*Palmatolepis minuta* n. subsp.) ZIEGLER 1962, S. 39.
   Verbreitung: Grazer Paläozoikum (Steinberg: *styriaca*-Zone).

Palmatolepis perlobata ULRICH & BASSLER, 1926

Palmatolepis perlobata perlobata ULRICH & BASSLER, 1926

* 1926 (*Palmatolepis perlobata*) ULRICH & BASSLER 1926, S. 49, Taf. 7, Fig. 19—22
     (non Fig. 23).
v ?1967 (*Palmatolepis perlobata perlobata*?) PÖLSLER 1967, S. 46.
   Verbreitung: Karnische Alpen (Pipeline-Stollen: to II).

Palmatolepis perlobata schindewolfi Müller, 1956

* 1956 (*Palmatolepis* [*Palmatolepis*] *schindewolfi*) Müller 1956, S. 27, 42 (?), Taf. 8, Fig. 22, 23, 25—31 (non Fig. 24), Taf. 9, Fig. 33.
   1957 (*Palmatolepis perlobata*) Ziegler in Flügel & Ziegler 1957, S. 32, Tabelle 1.
   1957 (*Palmatolepis glabra*) Ziegler in Flügel & Ziegler 1957, S. 32, Tabelle 1 partim.
   1961 (*Palmatolepis glabra*) Flügel 1961, S. 63, partim.
   1962 (*Palmatolepis perlobata schindewolfi*) Ziegler 1962, S. 38, 39.
? 1963 (*Palmatolepis* ? *perlobata schindewolfi*) Wirth in Clar, Fritsch, Meixner, Pilger & Schönenberg 1963, S. 30.
v 1967 (*Palmatolepis perlobata schindewolfi*) Kodsi 1967, S. 419.
v 1967 (*Palmatolepis perlobata schindewolfi*) Skala 1967, S. 218.

Verbreitung: Karnische Alpen (Pal: *Oxyclymenia*-Stufe; Poludnig: to II); Mittel-Kärnten (Klein St. Paul: *rhomboidea*-Zone); Grazer Paläozoikum (Steinberg: *styriacus*-Zone; Kanzel: to III, aufgearbeitet im cu).

Bemerkungen: Die Zugehörigkeit der von Müller 1956, S. 42, vom Pal erwähnten Exemplare muß vorläufig offen bleiben (vgl. Synonymie in Ziegler 1960a).

Palmatolepis punctata (Hinde, 1879)

* 1879 (*Polygnathus punctatus*) Hinde 1879, S. 367, Taf. 17, Fig. 14.
v 1967 (*Palmatolepis punctata*) Pölsler 1967, S. 42.

Verbreitung: Karnische Alpen (Pipeline-Stollen: to I).

Palmatolepis quadrantinodosa Branson & Mehl, 1933
Palmatolepis quadrantinodosa inflexa Müller, 1956

* 1956 (*Palmatolepis* [*Palmatolepis*] *inflexa*) Müller 1956, S. 30, Taf. 10, Fig. 5a, b, ?11 (non Fig. 3, 4, 6—10).
non 1957 (*Palmatolepis inflexa*) Ziegler in Flügel & Ziegler 1957, S. 30, Tabelle 1, Taf. 1, Fig. 7 (= *P. quadrantinodosa marginifera*).

Palmatolepis quadrantinodosa marginifera Ziegler, 1960

   1957 (*Palmatolepis inflexa*) Ziegler in Flügel & Ziegler 1957, S. 30, Taf. 1, Fig. 7, Tabelle 1.
* 1960 (*Palmatolepis quadrantinodosa marginifera*) Ziegler 1960a, S. 11, Taf. 1, Fig. 6, Taf. 2, Fig. 6—8.
   1962 (*Palmatolepis quadrantinodosa marginifera*) Ziegler 1962, S. 32, 33, 34, 38.
v 1967 (*Palmatolepis quadrantinodosa marginifera*) Kodsi, S. 418, 419, 424, Abb. 6, Fig. 11.
v 1967 (*Palmatolepis quadrantinodosa marginifera*) Pölsler 1967, S. 50.

Verbreitung: Grazer Paläozoikum (Steinberg: *quadrantinodosa*-Zone, *styriacus*-Zone; Kanzel: to III, aufgearbeitet im cu); Karnische Alpen (Pipeline-Stollen: to II/III).

Palmatolepis quadrantinodosalobata Sannemann, 1955

   1955 (*Palmatolepis quadrantinodosalobata*) Sannemann 1955a, S. 328, Taf. 24, Fig. 6.
   1957 (*Palmatolepis quadrantinodosalobata*) Ziegler in Flügel & Ziegler 1957, S. 30, Tabelle 1, Taf. 1, Fig. 6.

v 1965 (*Palmatolepis quadrantinodosalobata*) FLAJS & PÖLSLER 1965, S. 307.
v 1967 (*Palmatolepis quadrantinodosalobata*) PÖLSLER 1967, S. 42, 46, Tabelle 1.

Verbreitung: Grazer Paläozoikum (Steinberg: *crepida crepida*-Zone); Karnische Alpen (Pipeline-Stollen: to I, II).

Palmatolepis regularis COOPER, 1931

* 1931 (*Palmatolepis regularis*) COOPER 1931, S. 242, Taf. 28, Fig. 36.
1957 (*Palmatolepis regularis*) ZIEGLER in FLÜGEL & ZIEGLER 1957, Tabelle 1.

Verbreitung: Grazer Paläozoikum (Steinberg: *crepida crepida*-Zone).

Palmatolepis cf. regularis COOPER, 1931

v 1967 (*Palmatolepis* cf. *regularis*) PÖLSLER 1967, S. 42, Tabelle 1.

Verbreitung: Karnische Alpen (Pipeline-Stollen: to I, II).

Palmatolepis rhomboidea SANNEMANN, 1955

* 1955 (*Palmatolepis rhomboidea*) SANNEMANN 1955a, S. 329, Taf. 24, Fig. 14.
1957 (*Palmatolepis rhomboidea*) ZIEGLER in FLÜGEL & ZIEGLER 1957, Tabelle 1.
1962 (*Palmatolepis rhomboidea*) ZIEGLER 1962, S. 31.
v 1967 (*Palmatolepis rhomboidea*) PÖLSLER 1967, S. 46.
v 1967 (*Palmatolepis rhomboidea*) SKALA 1967, S. 218.

Verbreitung: Grazer Paläozoikum (Steinberg: *rhomboidea*-Zone); Karnische Alpen (Pipeline-Stollen: to II; Poludnig: to II).

Palmatolepis rugosa BRANSON & MEHL, 1934

Palmatolepis rugosa ampla MÜLLER, 1956

* 1956 (*Palmatolepis* [*Palmatolepis*] *ampla*) MÜLLER 1956, S. 28, Taf. 9, Fig. 35, 36.
v 1967 (*Palmatolepis rugosa ampla*) KODSI 1967, S. 418, 419, 424, Abb. 6, Fig. 3.

Verbreitung: Grazer Paläozoikum (Kanzel: to III und umgelagert im cu).

Palmatolepis subperlobata BRANSON & MEHL, 1934

* 1934 (*Palmatolepis subperlobata*) BRANSON & MEHL 1934a, S. 235, Taf. 18, Fig. 11, 12.
1957 (*Palmatolepis subperlobata*) ZIEGLER in FLÜGEL & ZIEGLER 1957, S. 30, Tabelle 1.
1963 (*Palmatolepis subperlobata*) WALLISER in CLAR, FRITSCH, MEIXNER, PILGER & SCHÖNENBERG 1963, S. 30.
v. 1963 (*Palmatolepis subperlobata*) HASLER in FLAJS, FLÜGEL & HASLER 1963, S. 126.
v 1967 (*Palmatolepis subperlobata*) PÖLSLER 1967, S. 42, Tabelle 1.

Verbreitung: Mittel-Kärnten (Klein St. Paul: *crepida crepida*-Zone); Karnische Alpen (Pipeline-Stollen: to I, II; Findenig: to I); Grazer Paläozoikum (Steinberg: *crepida crepida*-Zone).

Palmatolepis subrecta MILLER & YOUNGQUIST, 1947

* 1947 (*Palmatolepis subrecta*) MILLER & YOUNGQUIST 1947, S. 513, Taf. 75, Fig. 7—11.
v. 1966 (*Palmatolepis subrecta*) FLAJS 1966, Tabelle S. 225, Taf. 25, Fig. 9a, b.
v 1967 (*Palmatolepis subrecta*) PÖLSLER 1967, S. 42, 46.

Verbreitung: Grazer Paläozoikum (Kanzel: *asymmetricus*-Zone); Karnische Alpen (Pipeline-Stollen: to I).

Palmatolepis tenuipunctata SANNEMANN, 1955

* 1955 (*Palmatolepis tenuipunctata*) SANNEMANN 1955b, S. 136, Taf. 6, Fig. 22, Abb. 2.
  1957 (*Palmatolepis tenuipunctata*) ZIEGLER in FLÜGEL & ZIEGLER 1957, S. 30, Taf. 1,
      Fig. 9, Tabelle 1.
  1963 (*Palmatolepis tenuipunctata*) WALLISER in CLAR, FRITSCH, MEIXNER, PILGER
      & SCHÖNENBERG 1963, S. 30.
v. 1963 (*Palmatolepis tenuipunctata*) HASLER in FLAJS, FLÜGEL & HASLER 1963, S. 126.
v. 1965 (*Palmatolepis tenuipunctata*) FLAJS & PÖLSLER, S. 308.
v 1967 (*Palmatolepis tenuipunctata*) PÖLSLER 1967, S. 42, 43, 46, Tabelle 1.

Verbreitung: Grazer Paläozoikum (Steinberg: *crepida crepida*-Zone); Mittel-Kärnten (Klein St. Paul: *crepida crepida*-Zone); Karnische Alpen (Findenig: to I; Pipeline-Stollen: to I, II).

Palmatolepis termini SANNEMANN, 1955

* 1955 (*Palmatolepis termini*) SANNEMANN 1955b, S. 149, Taf. 1, Fig. 1—3.
  1957 (*Palmatolepis termini*) ZIEGLER in FLÜGEL & ZIEGLER 1957, S. 30, Tabelle 1,
      Taf. 1, Fig. 1, 3.
v 1967 (*Palmatolepis termini*) PÖLSLER 1967, Tabelle 1.

Verbreitung: Grazer Paläozoikum (Steinberg: *crepida crepida*-Zone); Karnische Alpen (to II).

Palmatolepis transitans MÜLLER, 1956

* 1956 (*Palmatolepis* [*Manticolepis*] *transitans*) MÜLLER 1956, S. 18, Taf. 1, Fig. 1, 2.
  1963 (*Palmatolepis transitans*) WALLISER in CLAR, FRITSCH, MEIXNER, PILGER & SCHÖNENBERG 1963, S. 30.
v. 1966 (*Palmatolepis transitans*) FLAJS 1966, S. 225, Tabelle S. 225.

Verbreitung: Mittel-Kärnten (Klein St. Paul: to I); Grazer Paläozoikum (Kanzel: *asymmetricus*-Zone).

Palmatolepis triangularis SANNEMANN, 1955

* 1955 (*Palmatolepis triangularis*) SANNEMANN 1955a, S. 327, Taf. 24, Fig. 3.
? 1957 (*Palmatolepis triangularis* subsp. indet.) ZIEGLER in FLÜGEL & ZIEGLER 1957,
      S. 29, Tabelle 1.
v 1963 (*Palmatolepis triangularis*) HASLER in FLAJS, FLÜGEL & HASLER 1963, S. 126.
v 1967 (*Palmatolepis triangularis*) SKALA 1967, S. 218.

Verbreitung: Karnische Alpen (Findenig: to I; Poludnig: to I); Grazer Paläozoikum (Steinberg: to I).

Palmatolepis sp.

  1963 (*Palmatolepis* sp. indet.) WIRTH in CLAR, FRITSCH, MEIXNER, PILGER & SCHÖNENBERG 1963, S. 31.
v 1964 (*Palmatolepis*) FLÜGEL 1964b, S. 413.
  1965 (*Palmatolepis* sp.) SCHULZE in SCHÖNENBERG 1965, S. 30.
v 1967 (*Palmatolepis* sp.) KODSI 1967, S. 419.
v 1967 (*Palmatolepis* sp.) FLAJS 1967a, S. 169, 174, 177, 188, 199.
v?1967 (? *Palmatolepis* sp.) FLAJS 1967a, S. 176.

Verbreitung: Karawanken (Seeberg-Sattel: to); Mittel-Kärnten (Klein St. Paul: to); Grazer Paläozoikum (Kanzel: to, aufgearbeitet im cu); N. Grauwackenzone (Eisenerz: to).

Genus: *Paltodus* PANDER, 1856

Paltodus compressus BRANSON & MEHL, 1933

* 1933 (*Paltodus compressus*) BRANSON & MEHL 1933c, S. 109, Taf. 8, Fig. 19.
  1957 (*Paltodus compressus*) WALLISER 1957, Tabelle 1, S. 42, Taf. 2, Fig. 6.
v 1967 (*Panderodus compressus*) PÖLSLER 1967, S. 49.

Verbreitung: Karnische Alpen (Rauchkofel: *alticola*-Kalk; Pipeline-Stollen: Bereich I).

Paltodus cf. *compressus* BRANSON & MEHL, 1933

  1957 (*Paltodus* cf. *compressus*) WALLISER 1957, Tabelle 1, S. 42, Taf. 2, Fig. 5.
  1964 (*Paltodus* cf. *compressus*) MOSTLER 1964, S. 225.
  1965 (*Paltodus* cf. *compressus*) MOSTLER 1965a, S. 165.
  1966 (*Paltodus* cf. *compressus*) MOSTLER 1966b, S. 166.
  1966 (*Paltodus* cf. *compressus*) MOSTLER 1966c, S. 29.

Verbreitung: Karnische Alpen (Rauchkofel: *alticola*-Kalk); N. Grauwackenzone (Schwazer Dolomit: Unter-Devon; Kitzbühler Alpen: *amorphognathoides*-Zone; Lachtal-Grundalm: *sagitta*-Zone; Entachen-Alm: Ludlow bis Unter-Ems).

Paltodus cf. *recurvatus* RHODES, 1953

cf.*1953 (*Paltodus recurvatus*) RHODES 1953, S. 297, Taf. 23, Fig. 219, 220.
  1957 (*Paltodus* cf. *recurvatus*) WALLISER 1957, Tabelle 1, S. 42, Taf. 2, Fig. 2—4.
  1964 (*Paltodus* cf. *recurvatus*) MOSTLER 1964, S. 225.
  1965 (*Paltodus* cf. *recurvatus*) MOSTLER 1965a, S. 165.
  1966 (*Paltodus* cf. *recurvatus*) MOSTLER 1966b, S. 162.
  1966 (*Paltodus* cf. *recurvatus*) MOSTLER 1966c, S. 25, 29.

Verbreitung: Karnische Alpen (Rauchkofel: *alticola*-Kalk); N. Grauwackenzone (Schwazer Dolomit: Unter-Devon; Kitzbühler Alpen: *amorphognathoides*-Zone; Lachtal-Grundalm: *celloni*-Zone; Entachen-Alm: Ludlow bis Unter-Ems).

Paltodus unicostatus BRANSON & MEHL, 1933

* 1933 (*Paltodus unicostatus*) BRANSON & MEHL 1933b, S. 42, Taf. 3, Fig. 3.
  1957 (*Paltodus unicostatus*) WALLISER 1957, Tabelle 1, S. 43, Taf. 2, Fig. 1.
  1966 (*Paltodus unicostatus*) MOSTLER 1966b, S. 162, 166.

Verbreitung: Karnische Alpen (Rauchkofel: *alticola*-Kalk); N. Grauwackenzone (Lachtal-Grundalm: *celloni*-Zone).

Paltodus cf. *unicostatus* BRANSON & MEHL, 1933

  1964 (*Paltodus* cf. *unicostatus*) MOSTLER 1964, S. 225.
  1966 (*Paltodus* cf. *unicostatus*) MOSTLER 1966, S. 166.

Verbreitung: N. Grauwackenzone (Schwazer Dolomit: Unter-Devon; Lachtal-Grundalm: *sagitta*-Zone).

Paltodus sp. b ZIEGLER, 1960

* 1960 (*Paltodus* sp. b) ZIEGLER 1960b, S. 190, Taf. 15, Fig. 19.
v. 1963 (*Paltodus* sp. b) FLAJS in FLAJS, FLÜGEL & HASLER 1963, S. 127.

Verbreitung: N. Grauwackenzone (Eisenerz: Ludlow/Unter-Devon).

Paltodus sp.

1965 (*Paltodus* sp. indet.) MOSTLER 1965a, S. 163.
1966 (*Paltodus* sp. indet.) MOSTLER 1966b, S. 157.

Verbreitung: N. Grauwackenzone (Lachtal-Grundalm: *celloni*-Zone).

Paltodus

v. 1963 (*Paltodus*) HASLER in FLAJS, FLÜGEL & HASLER 1963, S. 126.

Verbreitung: Karnische Alpen (Findenig: Ludlow).

Genus: *Plectospathodus* BRANSON & MEHL, 1933

Plectospathodus alternatus WALLISER, 1964

* 1964 (*Plectospathodus alternatus*) WALLISER 1964, S. 64, Taf. 9, Fig. 17, Taf. 30, Fig. 23
    bis 25, Tabelle 1, 2.

Holotypus: Das von WALLISER 1964, Taf. 30, Fig. 25, abgebildete Stück Wa 547/5
im Geol.-Paläont. Institut der Universität Marburg a. d. L.
Locus typicus: Karnische Alpen (Cellon).
Stratum typicum: Schicht 47, *eosteinhornensis*-Zone, Ludlow, Silur.
Verbreitung: Karnische Alpen (Cellon: *crispus*-Zone bis Unter-Devon).

Plectospathodus extensus RHODES, 1953

* 1953 (*Plectospathodus extensus*) RHODES 1953, S. 323, Taf. 23, Fig. 236—240.
  1957 (*Plectospathodus extensus*) WALLISER 1957, Tabelle 1, S. 43.
  1960 (*Plectospathodus extensus*) WALLISER in FLÜGEL 1960, S. 119.
. 1962 (*Plectospathodus extensus*) WALLISER 1962, S. 283, Fig. 1, Nr. 19.
v. 1963 (*Plectospathodus extensus*) FLAJS in FLAJS, FLÜGEL & HASLER 1963, S. 126, 127.
  1964 (*Plectospathodus extensus*) MOSTLER 1964, S. 225.
v. 1964 (*Plectospathodus extensus*) FLAJS 1964, S. 373, 374.
. 1964 (*Plectospathodus extensus*) WALLISER 1964, S. 64, Tabelle 1, 2.
v. 1966 (*Plectospathodus extensus*) FLAJS in FLAJS & GRÄF 1966, S. 172.
  1966 (*Plectospathodus extensus*) MOSTLER 1966b, S. 166.
  1966 (*Plectospathodus extensus*) MOSTLER 1966c, S. 23, 25.
v. 1967 (*Plectospathodus extensus*) FLAJS 1967a, S. 168, 170, 171, 172, 173, 174, 175, 176,
    178, 179, 180, 181, 190.
v 1967 (*Plectospathodus extensus*) PÖLSLER 1967, S. 47, 48, 49, 50.
v 1967 (*Plectospathodus extensus*) SKALA 1967, S. 219.

Verbreitung: Karnische Alpen (Cellon: *crassa*-Zone bis Unter-Devon; Pipeline-
Stollen: Ludlow bis Unter-Devon; Poludnig: Unter-Devon; Rauchkofel: *alticola*-Kalk);
Grazer Paläozoikum (Laufnitzdorf: Ludlow); N. Grauwackenzone (Lachtal-Grundalm:
sagitta-Zone; Entachen-Alm: Ludlow bis Ems; Schwazer Dolomit: Unter-Devon; Eisenerz: Ludlow); Ludlow-Geröll in der Kainacher Gosau.

Plectospathodus flexuosus BRANSON & MEHL, 1933

* 1933 (*Plectospathodus flexuosus*) BRANSON & MEHL 1933b, S. 47, Taf. 3, Fig. 31—32.
. 1964 (*Plectospathodus flexuosus*) WALLISER 1964, S. 65, Taf. 9, Fig. 10, Taf. 30, Fig. 16,
    Tabelle 1, 2.
v 1967 (*Plectospathodus flexuosus*) PÖLSLER 1967, S. 49.

Verbreitung: Karnische Alpen (Cellon: *eosteinhornensis*-Zone; Pipeline-Stollen:
Ludlow).

Plectospathodus robustus Bischoff & Sannemann, 1958

* 1958 (*Plectospathodus robustus*) Bischoff & Sannemann 1958, S. 101, Taf. 14, Fig. 11
   bis 14.
v non 1963 (*Plectospathodus robustus*) Flajs in Flajs, Flügel & Hasler 1963, S. 127
   (= *Ozarkodina media* Walliser 1957).

Plectospathodus sp.

1964 (*Plectospathodus* sp.) Walliser 1964, Taf. 30, Fig. 17—20, 22.
v 1967 (*Plectospathodus* sp.) Flajs 1967a, S. 176, 202, Taf. 5, Fig. 6.

Verbreitung: Karnische Alpen (Cellon: *eosteinhornensis*-, *woschmidti*-Zone); N.
Grauwackenzone (Eisenerz: Ludlow bis Ems).

Genus: *Polygnathoides* Branson & Mehl, 1933

Polygnathoides emarginatus (Branson & Mehl, 1933)

* 1933 (*Polygnathellus emarginatus*) Branson & Mehl 1933b, S. 49, Taf. 3, Fig. 38.
. 1962 (*Polygnathoides*) Walliser 1962, S. 283, Fig. 1, Nr. 28 unten.
. 1964 (*Polygnathoides emarginatus*) Walliser 1964, S. 66, Taf. 18, Fig. 1, 3—6, Tabelle
   1, 2.
1966 (*Polygnathoides emarginatus*) Mostler 1966a, S. 2.
1966 (*Polygnathoides emarginatus*) Mostler 1966b, S. 166.

Verbreitung: Karnische Alpen (*ploeckensis*- bis *siluricus*-Zone); N. Grauwackenzone (Lachtal-Grundalm: *crassa*-Zone).

Polygnathoides cf. *emarginatus* (Branson & Mehl, 1933)

1964 (*Polygnathoides* cf. *emarginatus*) Walliser 1964, Tabelle 2.
Verbreitung: Karnische Alpen (Cellon: *ploeckensis*-Zone).

Polygnathoides siluricus Branson & Mehl, 1933

* 1933 (*Polygnathoides siluricus*) Branson & Mehl 1933b, S. 50, Taf. 3, Fig. 39—42.
. 1962 (*Polygnathoides*) Walliser 1962, S. 283, Fig. 1, Nr. 28 oben.
. 1964 (*Polygnathoides siluricus*) Walliser 1964, S. 66, Taf. 17, Fig. 3—8, 11, Tabelle 1, 2.
v. 1967 (*Polygnathoides siluricus*) Flajs 1967a, S. 181, 197, Taf. 4, Fig. 13.

Verbreitung: Karnische Alpen (Cellon: *siluricus*-Zone); N. Grauwackenzone
(Eisenerz: *siluricus*-Zone).

Genus: *Polygnathus* Hinde, 1879

Polygnathus angustipennatus Bischoff & Ziegler, 1957

* 1957 (*Polygnathus angustipennata*) Bischoff & Ziegler 1957, S. 85, Taf. 2, Fig. 16a,
   b, Taf. 3, Fig. 1, 2, 3.
v 1967 (*Polygnathus angustipennata*) Pölsler 1967, S. 47.
Verbreitung: Karnische Alpen (Pipeline-Stollen: Eifel-Stufe).

Polygnathus asymmetricus BISCHOFF & ZIEGLER, 1957

Polygnathus asymmetricus asymmetricus BISCHOFF & ZIEGLER, 1957

* 1957 (*Polygnathus dubia asymmetrica*) BISCHOFF & ZIEGLER 1957, S. 88, Taf. 16, Fig. 20 bis 22, Taf. 21, Fig. 3.

v. 1966 (*Polygnathus asymmetrica asymmetrica*) FLAJS 1966, S. 226, 230, Tabelle S. 225, Taf. 26, Fig. 1—9 partim? (Fig. 1—3 = *Schmidtognathus* ? sp.).

Verbreitung: Grazer Paläozoikum (Kanzel: *asymmetricaus*-Zone).

Bemerkungen: Hinsichtlich der Benennung der Art bleibt die Entscheidung der Zoological Nomenclature Commission abzuwarten.
Nach ZIEGLER, Zentralbl. Geol. Paläont., 1967, II, S. 348, sind die auf Taf. 26, Fig. 1—3, abgebildeten Exemplare aus dem Grazer Paläozoikum möglicherweise zur Gattung *Schmidtognathus* ZIEGLER 1965 zu stellen. Die geringe Größe und die schlechte Erhaltung dieser Formen erlaubt jedoch keine eindeutige Zuordnung.

Polygnathus asymmetricus ovalis ZIEGLER & KLAPPER, 1964

* 1964 (*Polygnathus asymmetrica ovalis*) ZIEGLER & KLAPPER in ZIEGLER, KLAPPER & LINDSTRÖM 1964, S. 423.

v. 1966 (*Polygnathus asymmetrica ovalis*) FLAJS 1966, S. 226, Tabelle S. 225, Taf. 25, Fig. 1—3.

Verbreitung: Grazer Paläozoikum (Kanzel: *asymmetricaus*-Zone).

Polygnathus brevilamina BRANSON & MEHL, 1934

* 1934 (*Polygnathus brevilamina*) BRANSON & MEHL 1934a, S. 246, Taf. 21, Fig. 3—6.
1964 (*Polygnathus brevilamina*) SCHULZE 1964, S. 109.

v 1967 (*Polygnathus brevilamina*) PÖLSLER 1967, S. 42.

Verbreitung: Karawanken (Seeberg-Sattel: to); Karnische Alpen (Pipeline-Stollen: to I).

Polygnathus cf. *brevilamina* BRANSON & MEHL, 1934

1965 (*Polygnathus* cf. *brevilamina*) SCHULZE in SCHÖNENBERG 1964, S. 30.

Verbreitung: Karawanken (Seeberg-Sattel: to I).

Polygnathus communis BRANSON & MEHL, 1934

* 1934 (*Polygnathus communis*) BRANSON & MEHL 1934b, S. 293, Taf. 24, Fig. 1—4.
1957 (*Polygnathus communis*) ZIEGLER in FLÜGEL & ZIEGLER 1957, S. 31, 46, Taf. 2, Fig. 15, Tabelle 1, 2.
1959 (*Polygnathus communis*) MÜLLER 1959, S. 91.
1967 (*Polygnathus communis*) KODSI 1967, S. 418, 419.

Verbreitung: Grazer Paläozoikum (Steinberg: *styriacus*- und *costatus*-Zone, cu II γ; Kanzel: cu II); Karnische Alpen (Grüne Schneid: *Pericyclus*-Stufe).

Polygnathus cristatus HINDE, 1879

* 1879 (*Polygnathus cristatus*) HINDE 1879, S. 366, Taf. 17, Fig. 11.
1963 (*Polygnathus cristata*) WALLISER in CLAR, FRITSCH, MEIXNER, PILGER & SCHÖNEN-BERG 1963, S. 30.

v. 1966 (*Polygnathus cristata*) FLAJS 1966, Tabelle S. 225, Taf. 23, Fig. 8, Taf. 25, Fig. 4a, b.

Verbreitung: Mittel-Kärnten (Klein St. Paul: to I). Grazer Paläozoikum (Kanzel: *asymmetrica*-Zone).

Polygnathus decorosus Stauffer, 1938

* 1938 (*Polygnathus decorosa*) Stauffer 1938, S. 438, Taf. 53, Fig. 1, 5, 6, 10, 11, 15,
16, 20, 30.
v 1962 (*Polygnathus decorosa*) Khosrovi-Said 1962, S. 89.
1963 (*Polygnathus decorosa*) Walliser in Clar, Fritsch, Meixner, Pilger & Schönenberg 1963, S. 30.
v. 1966 (*Polygnathus decorosa*) Flajs 1966, Tabelle S. 225.
v 1967 (*Polygnathus decorosa*) Pölsler 1967, S. 42, 46.

Verbreitung: Grazer Paläozoikum (Kanzel: *asymmetricus*-Zone); Mittel-Kärnten
(Klein St. Paul: to I); Karnische Alpen (Pipeline-Stollen: to I).

Polygnathus dengleri Bischoff & Ziegler, 1957

* 1957 (*Polygnathus dengleri*) Bischoff & Ziegler 1957, S. 87, Taf. 15, Fig. 14, 15,
17—24, Taf. 16, Fig. 1—4.
v. 1966 (*Polygnathus dengleri*) Flajs 1966, S. 225, Tabelle S. 225, Taf. 26, Fig. 10.

Verbreitung: Grazer Paläozoikum (Kanzel: *asymmetricus*-Zone).

Polygnathus diversus Helms, 1959

* 1959 (*Polygnathus diversus*) Helms 1959, S. 650, Taf. 5, Fig. 5—8, Abb. 2.
v 1967 (*Polygnathus diversa*) Kodsi 1967, S. 418, 419, 425, Abb. 6, Fig. 4.

Verbreitung: Grazer Paläozoikum (Kanzel: to III, umgelagert im cu).

Polygnathus foliatus Bryant, 1921

* 1921 (*Polygnathus foliatus*) Bryant 1921, S. 24, Taf. 10, Fig. 13—16.
v 1967 (*Polygnathus foliata*) Pölsler 1967, S. 41.

Verbreitung: Karnische Alpen (Pipeline-Stollen: to I).

Polygnathus glaber Ulrich & Bassler, 1926
Polygnathus glaber bilobatus Ziegler, 1962

1957 (*Polygnathus glabra*) Ziegler in Flügel & Ziegler 1957, Tabelle 1 partim.
1961 (*Polygnathus glabra*) Flügel 1961, S. 64, partim.
* 1962 (*Polygnathus glabra bilobata*) Ziegler 1962, S. 35, 89, Taf. 10, Fig. 4, 5, 16, 17, 21.
v 1967 (*Polygnathus glabra bilobata*) Kodsi 1967, S. 418, 419, 425, Abb. 6, Fig. 5.
v 1967 (*Polygnathus glabra bilobata*) Pölsler 1967, S. 43, 50.
v 1967 (*Polygnathus glabra bilobata*) Skala 1967, S. 218.

Verbreitung: Grazer Paläozoikum (Steinberg: *veliferus*-Zone; Kanzel: to III, umgelagert im cu); Karnische Alpen (Pipeline-Stollen: to III; Poludnig: to III).

Polygnathus glabra glabra Ulrich & Bassler, 1926

* 1926 (*Polygnathus glabra*) Ulrich & Bassler 1926, S. 46, Taf. 7, Fig. 13.
1957 (*Polygnathus glabra*) Ziegler in Flügel & Ziegler 1957, Tabelle 1 partim.
1961 (*Polygnathus glabra*) Flügel 1961, S. 64, partim.
1962 (*Polygnathus glabra glabra*) Ziegler 1962, S. 35.
v. 1965 (*Polygnathus glabra glabra*) Flajs & Pölsler 1965, S. 307.
v 1967 (*Polygnathus glabra glabra*) Pölsler 1967, S. 43, 45, 46, 50, Tabelle 1.

Verbreitung: Grazer Paläozoikum (Steinberg: *veliferus*-Zone); Karnische Alpen
(Pipeline-Stollen: to II—III).

Polygnathus inornatus BRANSON, E. R., 1934

* 1934 (*Polygnathus inornata*) BRANSON, E. R. 1934, S. 309, Taf. 25, Fig. 8, 26.
  1957 (*Polygnathus inornata*) ZIEGLER in FLÜGEL & ZIEGLER 1957, S. 46, Taf. 2, Fig. 7,
     Tabelle 2.
v 1967 (*Polygnathus inornata*) KODSI 1967, S. 418, 419.

Verbreitung: Grazer Paläozoikum (Steinberg: cu II γ, cu III; Kanzel: cu II γ).

Polygnathus aff. *inornatus* BRANSON, E. R., 1934

  1959 (*Polygnathus* aff. *inornata*) MÜLLER 1959, S. 91.

Verbreitung: Karnische Alpen (Grüne Schneid: *Pericyclus*-Stufe).

Polygnathus linguiformis HINDE, 1879 s. l.

* 1879 (*Polygnathus linguiformis*) HINDE 1879, S. 367, Taf. 17, Fig. 15.
v. 1961 (*Polygnathus linguiformis*) FLÜGEL 1961, S. 51.
v. 1962 (*Polygnathus linguiformis*) KHOSROVI-SAID 1962, S. 89.
  1963 (*Polygnathus linguiformis*) WALLISER in CLAR, FRITSCH, MEIXNER, PILGER
     & SCHÖNENBERG 1963, S. 30.
v. 1964 (*Polygnathus linguiformis*) FLAJS in FLÜGEL 1964, S. 744.
v. 1966 (*Polygnathus linguiformis*) FLAJS 1966, Tabelle S. 225.
v. 1965 (*Polygnathus linguiformis*) FLAJS & PÖLSLER 1965, S. 308.
v. 1967 (*Polygnathus linguiformis*) FLAJS 1967a, S. 174, 175, 198, 199.
v 1967 (*Polygnathus linguiformis*) PÖLSLER 1967, S. 41.
v 1967 (*Polygnathus linguiformis linguiformis*) SKALA 1967, S. 218, 219.

Verbreitung: Grazer Paläozoikum (Kanzel: Givet-Stufe bis *asymmetricus*-Zone);
Mittel-Kärnten (Klein St. Paul: Unter-Ems bis to I); Moränenblock bei Winkl (Ems);
Karnische Alpen (Pipeline-Stollen: Ems, tm; Poludnig: Ems, Mittel-Devon); N. Grau-
wackenzone (Eisenerz: tm/to).

Polygnathus nodocostatus BRANSON & MEHL, 1934

Polygnathus nodocostatus nodocostatus BRANSON & MEHL, 1934

* 1934 (*Polygnathus nodocostata*) BRANSON & MEHL 1934a, S. 246, Taf. 20, Fig. 9—13,
     Taf. 21, Fig. 15.
  1963 (*Polygnathus nodocostata nodocostata*) WIRTH in CLAR, FRITSCH, MEIXNER, PIL-
     GER & SCHÖNENBERG 1963, S. 31.
v 1967 (*Polygnathus nodocostata nodocostata*) KODSI 1967, S. 418, 419, 426.
v 1967 (*Polygnathus nodocostata nodocostata*) PÖLSLER 1967, S. 45, Tabelle 1.

Verbreitung: Mittel-Kärnten (Klein St. Paul: *rhomboidea*-Zone); Karnische Alpen
(Pipeline-Stollen: to II); Grazer Paläozoikum (Kanzel: to III, umgelagert im cu).

Polygnathus nodocostatus BRANSON & MEHL, 1934 s. l.

  1957 (*Polygnathus styriaca*) ZIEGLER in FLÜGEL & ZIEGLER 1957, Tabelle 1 partim.
  1961 (*Polygnathus styriaca*) FLÜGEL 1961, S. 64, partim.
  1962 (*Polygnathus nodocostata* s. l.) ZIEGLER 1962, S. 38.
v 1967 (*Polygnathus nodocostata* s. l.) PÖLSLER 1967, S. 43, 45, 49.

Verbreitung: Grazer Paläozoikum (Steinberg: *styriacus*-Zone); Karnische Alpen
(Pipeline-Stollen: to II, to V/VI).

Polygnathus nodomarginatus BRANSON, E. R., 1934

* 1934 (*Polygnathus nodomarginata*) BRANSON, E. R. 1934, S. 310, Taf. 25, Fig. 10.
   1962 (*Polygnathus nodomarginata*) ZIEGLER 1962, S. 41, 42.
    Verbreitung: Grazer Paläozoikum (Steinberg: *costatus*-Zone).

Polygnathus nodoundatus HELMS, 1961

* 1961 (*Polygnathus nodoundata*) HELMS 1961, S. 690, Taf. 1, Fig. 9—11, Taf. 2, Fig. 7,
    11—14, Abb. 8.
v 1967 (*Polygnathus nodoundata*) KODSI 1967, S. 418, 419, 426, Abb. 6, Fig. 7.
    Verbreitung: Grazer Paläozoikum (Kanzel: to III).

Polygnathus normalis MILLER & YOUNGQUIST, 1947

* 1947 (*Polygnathus normalis*) MILLER & YOUNGQUIST 1947, S. 515, Taf. 74, Fig. 4, 5.
   1957 (*Polygnathus normalis*) ZIEGLER in FLÜGEL & ZIEGLER 1957, S. 29, Tabelle 1.
v. 1966 (*Polygnathus normalis*) FLAJS 1966, Tabelle S. 225, Taf. 23, Fig. 1.
v 1967 (*Polygnathus normalis*) PÖLSLER 1967, S. 46, Tabelle 1.
v 1967 (*Polygnathus normalis*) SKALA 1967, S. 218.

    Verbreitung: Grazer Paläozoikum (Steinberg: to I; Kanzel: *asymmetricus*-Zone);
Karnische Alpen (Pipeline-Stollen: to I, II; Poludnig: tm, to I).

Polygnathus cf. *obliquicostatus* ZIEGLER, 1962

cf.* 1962 (*Polygnathus obliquicostata*) ZIEGLER 1962, S. 92, Taf. 11, Fig. 8—12.
    1962 (*Polygnathus* cf. *obliquicostata*) ZIEGLER 1962, S. 38.
    Verbreitung: Grazer Paläozoikum (Steinberg: *styriacus*-Zone).

Polygnathus orthoconstrictus THOMAS, 1949

*   1949 (*Polygnathus orthoconstricta*) THOMAS 1949, S. 418, Taf. 3, Fig. 5.
non 1957 (*Polygnathus orthoconstricta*) ZIEGLER in FLÜGEL & ZIEGLER 1957, S. 32, 46,
    Taf. 2, Fig. 8—10, Tabelle 2 (= *Pseudopolygnathus triangulus pinnatus*).
v   1967 (*Polygnathus orthoconstricta*) KODSI 1967, S. 418, 419.
    Verbreitung: Grazer Paläozoikum (Kanzel: cu II).

Polygnathus pennatus HINDE, 1879

* 1879 (*Polygnathus pennatus*) HINDE 1879, S. 366, Taf. 17, Fig. 8.
v. 1966 (*Polygnathus pennata*) FLAJS 1966, Tabelle S. 225, Taf. 25, Fig. 5.
v 1967 (*Polygnathus pennata*) PÖLSLER 1967, S. 41.
    Verbreitung: Grazer Paläozoikum (Kanzel: *asymmetricus*-Zone); Karnische Alpen
(Pipeline-Stollen: tm).

Polygnathus procerus SANNEMANN, 1955

* 1955 (*Polygnathus procera*) SANNEMANN 1955b, S. 150, Taf. 1, Fig. 11a, b.
   1957 (*Polygnathus procera*) ZIEGLER in FLÜGEL & ZIEGLER 1957, Tabelle 1.
v 1967 (*Polygnathus procera*) PÖLSLER 1967, Tabelle 1.

    Verbreitung: Grazer Paläozoikum (Steinberg: *rhomboidea*-Zone); Karnische
Alpen (Pipeline-Stollen: to II).

Polygnathus rimulatus Uʟʀɪᴄʜ & Bᴀssʟᴇʀ, 1926

* 1926 (*Polygnathus rimulata*) Uʟʀɪᴄʜ & Bᴀssʟᴇʀ 1926, S. 45, Taf. 1, Fig. 8, 9.
  1957 (*Polygnathus rimulata*) Zɪᴇɢʟᴇʀ in Fʟüɢᴇʟ & Zɪᴇɢʟᴇʀ 1957, Tabelle 1.
    Verbreitung: Grazer Paläozoikum (Steinberg: *veliferus*-Zone, *costatus*-Zone?).

Polygnathus sinelamina Bʀᴀɴsᴏɴ & Mᴇʜʟ, 1934

* 1934 (*Polygnathus sinelamina*) Bʀᴀɴsᴏɴ & Mᴇʜʟ 1934a, S. 248, Taf. 20, Fig. 20, 22.
  1957 (*Polygnathus sinelamina*) Zɪᴇɢʟᴇʀ in Fʟüɢᴇʟ & Zɪᴇɢʟᴇʀ 1957, Tabelle 1.
    Verbreitung: Grazer Paläozoikum (Steinberg: *costatus*-Zone).

Polygnathus styriacus Zɪᴇɢʟᴇʀ, 1957

* 1957 (*Polygnathus styriaca*) Zɪᴇɢʟᴇʀ in Fʟüɢᴇʟ & Zɪᴇɢʟᴇʀ 1957, S. 47, Taf. 1, Fig. 12,
      13 (non Fig. 11 = *Polygnathus vogesi*), Tabelle 1 partim.
  1961 (*Polygnathus styriaca*) Fʟüɢᴇʟ 1961, S. 64, partim.
    Holotypus: Das von Zɪᴇɢʟᴇʀ in Fʟüɢᴇʟ & Zɪᴇɢʟᴇʀ 1957, Taf. 1, Fig. 12, abge-
bildete Stück Zi 1957/2 im Geol.-Paläont. Institut der Universität Marburg a. d. L.
    Locus typicus: Grazer Paläozoikum (Steinberg).
    Stratum typicum: *styriacus*-Zone, Ober-Devon.
    Verbreitung: Grazer Paläozoikum (Steinberg: *styriacus*-Zone).

Polygnathus symmetricus Bʀᴀɴsᴏɴ, E. R., 1934

* 1934 (*Polygnathus symmetrica*) Bʀᴀɴsᴏɴ, E. R. 1934, S. 310, Taf. 25, Fig. 11.
  1957 (*Polygnathus symmetrica*) Zɪᴇɢʟᴇʀ in Fʟüɢᴇʟ & Zɪᴇɢʟᴇʀ 1957, Tabelle 1.
    Verbreitung: Grazer Paläozoikum (Steinberg: *costatus*-Zone).

Polygnathus subserratus Bʀᴀɴsᴏɴ & Mᴇʜʟ, 1934

* 1934 (*Polygnathus subserrata*) Bʀᴀɴsᴏɴ & Mᴇʜʟ 1934a, S. 248, Taf. 20, Fig. 17—19.
v 1967 (*Polygnathus subserrata*) Kᴏᴅsɪ 1967, S. 418, 419, 426, Abb. 6, Fig. 9, 10.
    Verbreitung: Grazer Paläozoikum (Kanzel: to III, umgelagert im cu).

Polygnathus varca Sᴛᴀᴜꜰꜰᴇʀ, 1940

* 1940 (*Polygnathus varca*) Sᴛᴀᴜꜰꜰᴇʀ 1940, S. 430, Taf. 60, Fig. 49, 53, 55.
v. 1965 (*Polygnathus varca*) Fʟᴀᴊs & Pöʟsʟᴇʀ 1965, S. 308.
v. 1966 (*Polygnathus varca*) Fʟᴀᴊs 1966, Tabelle S. 225, Taf. 25, Fig. 6.
    Verbreitung: Karnische Alpen (Pipeline-Stollen: *varca*-Zone); Grazer Paläozoikum
(Kanzel: *varca*-Zone).

Polygnathus vogesi Zɪᴇɢʟᴇʀ, 1962

* 1962 (*Polygnathus vogesi*) Zɪᴇɢʟᴇʀ 1962, S. 39, 42, 94, Taf. 11, Fig. 5—7.
  1957 (*Polygnathus styriaca*) Zɪᴇɢʟᴇʀ in Fʟüɢᴇʟ & Zɪᴇɢʟᴇʀ 1957, Taf. 1, Fig. 11 (non
      12, 13 = *Polygnathus styriaca*), Tabelle 1 partim.
  1961 (*Polygnathus styriaca*) Fʟüɢᴇʟ 1961, S. 64, partim.
    Verbreitung: Grazer Paläozoikum (Steinberg: *styriacus*-Zone).

Polygnathus vogesi Zɪᴇɢʟᴇʀ, 1962?

  1962 (*Polygnathus vogesi?*) Zɪᴇɢʟᴇʀ 1962, S. 42.
    Verbreitung: Grazer Paläozoikum (Steinberg: *costatus*-Zone).

Polygnathus webbi Stauffer, 1938

* 1938 (*Polygnathus webbi*) Stauffer 1938, S. 439, Taf. 53, Fig. 25, 26, 28, 29.
v. 1965 (*Polygnathus webbi*) Flajs & Pölsler 1965, S. 308.
v. 1966 (*Polygnathus webbi*) Flajs 1966, Tabelle S. 225.
v 1967 (*Polygnathus webbi*) Pölsler 1967, S. 41, 42, 47.
v? 1967 (*Polygnathus webbi?*) Skala 1967, S. 218.

Verbreitung: Karnische Alpen (Pipeline-Stollen: tm; ? Poludnig: Ems); Grazer Paläozoikum (Kanzel: tm).

Polygnathus xylus Stauffer, 1940

* 1940 (*Polygnathus xylus*) Stauffer 1940, S. 430, Taf. 60, Fig. 42, 50, 54, 65—67, 69, 72—74, 78, 79.
v 1966 (*Polygnathus xylus*) Flajs, S. 225, Tabelle S. 225, Taf. 25, Fig. 7, 8.
v 1967 (*Polygnathus xylus*) Pölsler 1967, S. 47.

Verbreitung: Grazer Paläozoikum (Kanzel: Givet-Stufe); Karnische Alpen (Pipeline-Stollen: tm).

Polygnathus n. sp. Ziegler, 1962

* 1962 (*Polygnathus* n. sp.) Ziegler 1962, S. 88.
v. 1966 (*Polygnathus* n. sp.) Flajs 1966, S. 225, 232, Taf. 23, Fig. 5—7, Tabelle S. 225.

Verbreitung: Grazer Paläozoikum (Kanzel: Givet).

Polygnathus n. sp. Flajs, 1966

* 1966 (*Polygnathus* n. sp.) Flajs 1966, S. 233, Taf. 24, Fig. 4—6, Tabelle S. 225.
v 1967 (*Polygnathus* n. sp.) Pölsler 1967, S. 46.
v 1967 (*Polygnathus* n. sp.) Skala 1967, S. 218.

Verbreitung: Grazer Paläozoikum (Kanzel: *asymmetricus*-Zone); Karnische Alpen (Pipeline-Stollen: to I; Poludnig: to I).

Polygnathus sp. Ziegler, 1959

v 1931 (*Rastrites Geyeri*) Haberfelner 1931, S. 890, Abb. 3 d—h, S. 884.
v 1941 (? *Rastrites Geyeri*) Pribyl 1941, S. 16.
v 1943 (*Rastrites Geyeri*) Heritsch 1943, S. 123, 645.
v 1959 (*Polygnathus* sp.) Ziegler in Flügel, Gräf & Ziegler 1959, S. 154, Abb. 1, 2.
v 1964 (*Polygnathus* sp.) Flügel 1964b, S. 411.

Verbreitung: Karnische Alpen (Polinik: to/cu).

Polygnathus sp.

1963 (*Polygnathus* sp.) Walliser in Clar, Fritsch, Meixner, Pilger & Schönenberg 1963, S. 30.
v 1967 (*Polygnathus* sp.) Flajs 1967a, S. 168, 169, 170, 174, 175, 176, 177, 188, 199.
v 1967 (*Polygnathus* sp.) Pölsler 1967, S. 46, 50.

Verbreitung: Mittel-Kärnten (Klein St. Paul: Unter-Ems bis tiefes to); N. Grauwackenzone (Eisenerz: tm?/to); Karnische Alpen (Pipeline-Stollen: Ems, to).

Genus: Prioniodella ULRICH & BASSLER, 1926

Bemerkungen: Nach der Gattungsdefinition (ULRICH & BASSLER 1926, S. 18) ist das ? Hinterende „ . . . commonly produced into a blunt process". An den Abbildungen der im folgenden genannten triassischen Formen kann dieses Merkmal jedoch nicht festgestellt werden. (Vgl. auch *Neoprioniodus* RHODES & MÜLLER 1959).

Prioniodella boncevi SPASOV & GANEV, 1960

* 1960 (*Prioniodella boncevi*) SPASOV & GANEV 1960, S. 88, Taf. 2, Fig. 4, 5, 6, 8.

v 1966 (*Prioniodella boncevi*) GESSNER 1966, Tabelle 4, Taf. 8, Fig. 6, 10.

    Verbreitung: N. Kalkalpen (Groß-Reifling: Ladin, Karn).

Prioniodella ctenoides TATGE, 1956

* 1956 (*Prioniodella ctenoides*) TATGE 1956, S. 139, Taf. 5, Fig. 7.

  1958 (*Prioniodella ctenoides*) HUCKRIEDE 1958, S. 158, Taf. 14, Fig. 40—42.

v 1966 (*Prioniodella ctenoides*) GESSNER 1966, Tabelle 4, Taf. 8, Fig. 8, 9.

v. 1966 (*Prioniodina ctenoides*) FLÜGEL 1966, S. 226.

  1967 (*Prioniodella ctenoides*) FLÜGEL, E. 1967, S. 94.

  1967 (*Prioniodina ctenoides*) SCHLAGER 1967, S. 236, 271, 274, 275.

    Verbreitung: N. Kalkalpen (Reutte a. Lech: Pelson; Schiechlingshöhe: Illyr; Lärcheck: Illyr; Saalfelden: Illyr; Martinswand: Illyr; Krabach-Masse: Ladin; Feuerkogel: Jul, Tuval; Krampener Klause: Karn; Someraukogel: *Cyrtopleurites*-Zone; Steinbergkogel: Sevat; Taubenstein: Sevat; Siriuskogel: Sevat; Groß-Reifling: Karn/Ladin); Dachstein: Karn/Nor); S. Kalkalpen (Dobratsch: Illyr); Trias-Geröll im Gams-Konglomerat).

Prioniodella cf. *ctenoides* TATGE, 1956

  1967 (*Prioniodina* cf. *ctenoides*) SCHLAGER 1967, S. 267

    Verbreitung: N. Kalkalpen (Zwieselalm: Karn-Nor).

Prioniodella decrescens TATGE, 1956

* 1956 (*Prioniodella decrescens*) TATGE 1956, S. 140, Taf. 5, Fig. 8.

  1958 (*Prioniodella decrescens*) HUCKRIEDE 1958, S. 158, Taf. 11, Fig. 43, 48, 49, Taf. 14, Fig. 37—39.

  1959 (*Prioniodella decrescens*) HUCKRIEDE 1959b, S. 48.

v 1966 (*Prioniodella decrescens*) GESSNER 1966, Tabelle 4, Taf. 8, Fig. 7, 11.

  1967 (*Prioniodella decrescens*) FLÜGEL, E. 1967, S. 94.

    Verbreitung: N. Kalkalpen (Kaisertal: Pelson/Illyr; Schiechlingshöhe: Illyr; Lärcheck: Illyr; Feuerkogel: Jul; Someraukogel: *Cyrtopleurites*-Zone; Groß-Reifling: Ladin, Karn; Siriuskogel: Sevat); S. Kalkalpen (Dobratsch: Illyr).

Prioniodella dropla SPASSOV & GANEV, 1960

* 1960 (*Prioniodella dropla*) SPASSOV & GANEV 1960, S. 87, Taf. 2, Fig. 7—10.

v 1966 (*Prioniodella dropla*) GESSNER 1966, Tabelle 4, Taf. 8, Fig. 4.

    Verbreitung: N. Kalkalpen (Groß-Reifling: Ladin).

Prioniodella pectiniformis HUCKRIEDE, 1958

* 1958 (*Prioniodella pectiniformis*) HUCKRIEDE 1958, S. 158, Taf. 13, Fig. 18, 19.
 1959 (*Prioniodella pectiniformis*) HUCKRIEDE 1959b, S. 49.
? 1967 (*Prioniodella pectiniformis?*) FLÜGEL, E. 1967, S. 94.
 1967 (*Prioniodella pectiniformis*) SCHLAGER 1967, S. 223, 233, 273.

Holotypus: Das von HUCKRIEDE 1958, Taf. 13, Fig. 18, abgebildete Stück Hu 58/160 im Geol.-Paläont. Institut der Universität Marburg a. d. L.
Locus typicus: Feuerkogel am Röthelstein.
Stratum typicum: Jul, Zone des *Trachyceras austriacum*, Karnische Stufe, Trias.
Verbreitung: N. Kalkalpen (Saalfelden: Illyr; Kaisertal: Illyr; Martinswand: Illyr; Krabach-Masse: Illyr, Ladin; Feuerkogel: Jul, Tuval; Siriuskogel: Sevat?; Dachstein: Ladin, Karn); S. Kalkalpen (Dobratsch: Illyr).

Prioniodella cf. *pectiniformis* HUCKRIEDE, 1958

 1967 (*Prioniodella* cf. *pectiniformis*) SCHLAGER 1967, S. 220.
Verbreitung: N. Kalkalpen (Dachstein: Oberanis/Ladin).

Prioniodella prioniodellides (TATGE, 1956)

* 1956 (*Angulodus? prioniodellides*) TATGE 1956, S. 130, Taf. 5, Fig. 6.
 1958 (*Prioniodella prioniodellides*) HUCKRIEDE 1958, S. 159, Taf. 11, Fig. 45.
v. 1964 (*Prioniodella prioniodellides*) FLÜGEL & PETAK 1964, Tabelle 2, S. 22.
v 1966 (*Prioniodella prioniodellides*) GESSNER 1966, Tabelle 4, Taf. 8, Fig. 15.

Verbreitung: N. Kalkalpen (Schiechlingshöhe: Illyr; Saalfelden: Illyr; Feuerkogel: Jul, Tuval; Someraukogel: *Cyrtopleurites*-Zone; Groß-Reifling: Anis, Ladin; Kuhkogel: Karn; Klobenwand: Karn); S. Kalkalpen (Dobratsch: Illyr).

Prioniodella tzanovi BUDUROV, 1960

* 1960 (*Prioniodella tzanovi*) BUDUROV 1960, S. 120, 126, 129, Taf. 1, Fig. 18, 19, Taf. 3, Fig. 12, 14, 15.
 1967 (*Prioniodella tzanovi*) FLÜGEL, E. 1967, S. 94, 95.
Verbreitung: N. Kalkalpen (Siriuskogel: Sevat).

Prioniodella sp.

v 1966 (*Prioniodella* sp. A) GESSNER 1966, Taf. 8, Fig. 13.
 1967 *(Prioniodella* sp.*)* SCHLAGER 1967, S. 269.
Verbreitung: N. Kalkalpen (Groß-Reifling: Reiflinger Kalk; Riedlkar: Nor).

Genus: *Prioniodina* ULRICH & BASSLER, 1926

Bemerkungen: Von HASS 1962 und LINDSTRÖM 1964 wurde in die Synonymie von *Prioniodina* die Gattung *Prioniodella* ULRICH & BASSLER aufgenommen. Da nach den Abbildungen der in diesem Katalog aufgenommenen Arten eine Entscheidung über die Zuordnung nicht getroffen werden kann, wurde *Prioniodella* weiterhin als eigenes Genus geführt. Vergleiche auch die Bemerkungen bei *Neoprioniodus* RHODES & MÜLLER.

Prioniodina subcurvata ULRICH & BASSLER, 1926

* 1926 (*Prioniodina subcurvata*) ULRICH & BASSLER 1926, S. 16–18, Taf. 4, Fig. 22–24, Abb. 4/8, 9.

  1957 (*Prioniodina subcurvata*) ZIEGLER in FLÜGEL & ZIEGLER 1957, S. 50, Taf. 5, Fig. 11, Tabelle 2.

Verbreitung: Grazer Paläozoikum (Steinberg: cu II γ, cu III).

Prioniodina ? sp.

1959 (*Prioniodina ?* sp.) MÜLLER 1959, S. 92.

Verbreitung: Karnische Alpen (Grüne Schneid: *Pericyclus*-Stufe).

Genus: *Pseudopolygnathus* BRANSON & MEHL, 1934

Pseudopolygnathus dentilineatus BRANSON, E. R., 1934

* 1934 (*Pseudopolygnathus dentilineata*) BRANSON, E. R. 1934, S. 318, Taf. 26, Fig. 22.

  1957 (*Pseudopolygnathus dentilineata*) ZIEGLER in FLÜGEL & ZIEGLER 1957, S. 31, Tabelle 1.

Verbreitung: Grazer Paläozoikum (Steinberg: *costatus*-Zone).

Pseudopolygnathus granulosus ZIEGLER, 1962

* 1962 (*Pseudopolygnathus granulosa*) ZIEGLER 1962, S. 36, 38, 99, Taf. 11, Fig. 25–30.

Verbreitung: Grazer Paläozoikum (Steinberg: *veliferus*- und *styriacus*-Zone).

Pseudopolygnathus longipostica BRANSON & MEHL, 1934

* 1934 (*Polygnathus longipostica*) BRANSON & MEHL 1934b, S. 293, Taf. 24, Fig. 8–11, 13.

  1959 (*Pseudopolygnathus longipostica*) MÜLLER 1959, S. 91, 92.

Verbreitung: Karnische Alpen (Grüne Schneid: *Pericyclus*-Stufe).

Pseudopolygnathus marburgensis BISCHOFF & ZIEGLER, 1956

*   1956 (*Pseudopolygnathus marburgensis*) BISCHOFF & ZIEGLER 1956, S. 162, Taf. 11, Fig. 9, 11–13.

non 1957 (*Pseudopolygnathus marburgensis*) ZIEGLER in FLÜGEL & ZIEGLER 1957, Tabelle 1, Taf. 1, Fig. 21 (= *Pseudopolygnathus trigonicus*).

non 1961 (*Pseudopolygnathus marburgensis*) FLÜGEL 1961, S. 64 (= *Pseudopolygnathus trigonicus*).

Pseudopolygnathus micropunctatus BISCHOFF & ZIEGLER, 1956

* 1956 (*Pseudopolygnathus micropunctata*) BISCHOFF & ZIEGLER 1956, S. 163, Taf. 11, Fig. 7, 8, 10.

? 1957 (*Pseudopolygnathus micropunctata*) ZIEGLER in FLÜGEL & ZIEGLER 1957, S. 32, Tabelle 1.

Verbreitung: Grazer Paläozoikum (Steinberg: *styriacus*- bis *costatus*-Zone).

Bemerkungen: Nach ZIEGLER 1962, S. 39, konnte diese Art im Grazer Paläozoikum nicht aufgefunden werden.

Pseudopolygnathus triangulus Voges, 1959

Pseudopolygnathus triangulus pinnatus Voges, 1959

* 1959 (*Pseudopolygnathus triangula pinnata*) Voges 1959, S. 302, Taf. 34, Fig. 59—66, Taf. 35, Fig. 1—6.

1957 (*Polygnathus orthoconstricta*) Ziegler in Flügel & Ziegler, S. 46, Taf. 2, Fig. 8 bis 10, 13, Tabelle 2.

1959 (*Pseudopolygnathus* sp. = *Polygnathus orthostrictus* Thomas 1949 [sic!] bei Bischoff 1957) Müller 1959, S. 91.

Verbreitung: Grazer Paläozoikum (Steinberg: cu II γ); Karnische Alpen (Grüne Schneid: *Pericyclus*-Stufe).

Pseudopolygnathus trigonicus Ziegler, 1962

1957 (*Pseudopolygnathus marburgensis*) Ziegler in Flügel & Ziegler 1957, Tabelle 1, Taf. 1, Fig. 21.

* 1962 (*Pseudopolygnathus trigonica*) Ziegler 1962, S. 42, 101, Taf. 12, Fig. 8—13.

v. 1965 (*Pseudopolygnathus trigonica*) Flajs & Pölsler 1965, S. 307.

Verbreitung: Grazer Paläozoikum (Steinberg: *costatus*-Zone); Karnische Alpen (Pipeline-Stollen: *costatus*-Zone).

Genus: *Pterospathodus* Walliser, 1964

Gattungstypus: *Pterospathodus amorphognathoides* Walliser, 1964

Pterospathodus amorphognathoides Walliser, 1964

. 1962 (n. gen. A n. sp. a) Walliser 1962, S. 283, Fig. 1, Nr. 12.

v. 1964 (n. gen. A n. sp. a) Flajs 1964, S. 375

* 1964 (*Pterospathodus amorphognathoides*) Walliser 1964, S. 67, Taf. 6, Fig. 7, Taf. 15, Fig. 9–15, Abb. 1f, Tabelle 1, 2.

1965 (*Pterospathodus amorphognathoides*) Mostler 1965a, S. 165.

1965 (n. gen. A n. sp. a) Mostler 1965b, S. 38.

1966 (*Pterospathodus amorphognathoides*) Mostler 1966b, S. 163.

v. 1967 (*Pterospathodus amorphognathoides*) Flajs 1967a, S. 179, 189, 196, Taf. 3, Fig. 10a bis c.

1967 (*Pterospathodus amorphognathoides*) Mostler 1967, S. 302, Abb. 5.

Holotypus: Das von Walliser 1964, Taf. 15, Fig. 9, abgebildete Stück Wa 745/16 im Geol.-Paläont. Institut der Universität Marburg a. d. L.

Locus typicus: Karnische Alpen (Cellon).

Stratum typicum: Schicht 11 D, *amorphognathoides*-Zone, Llandovery, Silur.

Verbreitung: Karnische Alpen (Cellon: *amorphognathoides*-Zone); N. Grauwackenzone (Eisenerz: *amorphognathoides*-Zone; Lachtal-Grundalm: *amorphognathoides*-Zone; Kitzbühler Alpen: *amorphognathoides*-Zone).

Genus: *Pygodus* Lamont & Lindström, 1957

Pygodus? lenticularis Walliser, 1964

* 1964 (? *Pygodus lenticularis*) Walliser 1964, S. 67, Taf. 4, Fig. 17, Taf. 12, Fig. 15, Tabelle 1, 2.

Holotypus: Das von WALLISER 1964, Taf. 12, Fig. 15, abgebildete Stück Wa 1050/3 im Geol.-Paläont. Institut der Universität Marburg a. d. L.

Locus typicus: Karnische Alpen (Cellon).

Stratum typicum: Schicht 10 C/D, *celloni*-Zone, Llandovery, Silur.

Verbreitung: Karnische Alpen (Cellon: *celloni*-Zone).

Pygodus lyra WALLISER, 1964

. 1962 (n. gen. C n. sp.) WALLISER 1962, S. 282, Fig. 1, Nr. 5.
 1963 (*Pygodus* n. sp. [= n. gen. C n. sp. WALLISER 1962]) WALLISER in CLAR, FRITSCH, MEIXNER, PILGER & SCHÖNENBERG 1963, S. 29.
* 1964 (*Pygodus lyra*) WALLISER 1964, S. 68, Taf. 5, Fig. 5, Taf. 12, Fig. 8—14, Tabelle 1, 2.
 1967 (*Pygodus lyra*) MOSTLER 1967, S. 296.

Holotypus: Das von WALLISER 1964, Taf. 12, Fig. 9, abgebildete Stück Wa 737/11 im Geol.-Paläont. Institut der Universität Marburg a. d. L.

Locus typicus: Karnische Alpen (Cellon).

Stratum typicum: Schicht 10 D, *celloni*-Zone, Llandovery, Silur.

Verbreitung: Karnische Alpen (Cellon: *celloni*- und *amorphognathoides*-Zone); Mittel-Kärnten (Klein St. Paul: *amorphognathoides*-Zone); N. Grauwackenzone (Kitzbühler Alpen: *celloni*-Zone).

Genus: *Roundya* HASS, 1953

Roundya aurita SANNEMANN, 1955

* 1955 (*Roundya aurita*) SANNEMANN 1955b, S. 153, Taf. 2, Fig. 3, Taf. 5, Fig. 11.
 1957 (*Roundya aurita*) ZIEGLER in FLÜGEL & ZIEGLER 1957, S. 50, Taf. 5, Fig. 17, 20, Tabelle 1, 2.
v 1967 (*Roundya aurita*) PÖLSLER 1967, S. 42, 43.

Verbreitung: Grazer Paläozoikum (Steinberg: *veliferus*- bis *costatus*-Zone, cu II γ); Karnische Alpen (Pipeline-Stollen: to I, to III).

Roundya barnettana HASS, 1953

* 1952 (*Roundya barnettana*) HASS 1953, S. 89, Taf. 16, Fig. 8, 9.
? 1957 (*Roundya barnettana* ?) ZIEGLER in FLÜGEL & ZIEGLER 1957, S. 51, Taf. 4, Fig. 15, Tabelle 2.

Verbreitung: Grazer Paläozoikum (Steinberg: cu II γ).

Roundya brevialata WALLISER, 1964

* 1964 (*Roundya brevialata*) WALLISER 1964, S. 69, Taf. 4, Fig. 16, Taf. 31, Fig. 8—10, Tabelle 1, 2.
 1966 (*Roundya brevialata*) MOSTLER 1966b, S. 162, 163.

Holotypus: Das von WALLISER 1964, Taf. 31, Fig. 8, abgebildete Stück Wa 735/9 im Geol.-Paläont. Institut der Universität Marburg a. d. L.

Locus typicus: Karnische Alpen (Cellon).

Stratum typicum: Schicht 10 B, *celloni*-Zone, Llandovery, Silur.

Verbreitung: Karnische Alpen (Cellon: *celloni*-Zone, *amorphognathoides*-Zone?); N. Grauwackenzone (Lachtal-Grundalm: *celloni*-Zone).

Roundya brevipennata SANNEMANN, 1955

* 1955 (*Roundya brevipennata*) SANNEMANN 1955b, S. 153, Taf. 2, Fig. 1.
v. 1966 (*Roundya brevipennata*) FLAJS 1966, Tabelle S. 225.

Verbreitung: Grazer Paläozoikum (Kanzel: *asymmetricus*-Zone).

Roundya caudata WALLISER, 1964

* 1964 (*Roundya caudata*) WALLISER 1964, S. 70, Taf. 5, Fig. 9, Taf. 31, Fig. 18, 19, Tabelle 1, 2.
1967 (*Roundya caudata*) MOSTLER 1967, S. 296.

Holotypus: Das von WALLISER 1964, Taf. 31, Fig. 19, abgebildete Stück Wa 1052/10 im Geol.-Paläont. Institut der Universität Marburg a. d. L.
Locus typicus: Karnische Alpen (Cellon).
Stratum typicum: Schicht 10 H/J, *celloni*-Zone, Llandovery, Silur.
Verbreitung: Karnische Alpen (Cellon: *celloni-* bis *amorphognathoides*-Zone); N. Grauwackenzone (Kitzbühler Alpen: *celloni*-Zone).

Roundya cf. caudata WALLISER, 1964

1964 (*Roundya* cf. *caudata*) WALLISER 1964, Tabelle 2, Taf. 31, Fig. 20, 21.
Verbreitung: Karnische Alpen (Cellon: Bereich I).

Roundya detorta WALLISER, 1964

* 1964 (*Roundya detorta*) WALLISER 1964, S. 70, Taf. 5, Fig. 8, Taf. 31, Fig. 15—17, Tabelle 1, 2.

Holotypus: Das von WALLISER 1964, Taf. 31, Fig. 15, abgebildete Stück Wa 1051/7 im Geol.-Paläont. Institut der Universität Marburg a. d. L.
Locus typicus: Karnische Alpen (Cellon).
Stratum typicum: Schicht 10 H/J, *celloni*-Zone, Llandovery, Silur.
Verbreitung: Karnische Alpen (Cellon: *celloni-* und *amorphognathoides*-Zone).

Roundya cf. detorta WALLISER, 1964

1964 (*Roundya* cf. *detorta*) WALLISER 1964, Tabelle 2.
Verbreitung: Karnische Alpen (Cellon: *amorphognathoides*-Zone).

Roundya franca SANNEMANN, 1955

* 1955 (*Roundya franca*) SANNEMANN 1955b, S. 153, Taf. 5, Fig. 5—7.
1957 (*Roundya franca*) ZIEGLER in FLÜGEL & ZIEGLER 1957, Tabelle 1.
v 1967 (*Roundya franca*) PÖLSLER 1967, Tabelle 1.

Verbreitung: Grazer Paläozoikum (Steinberg: *crepida crepida*-Zone, *veliferus*-Zone); Karnische Alpen (Pipeline-Stollen: to II).

Roundya latialata WALLISER, 1964

* 1964 (*Roundya latialata*) WALLISER 1964, S. 71, Taf. 6, Fig. 15, Taf. 31, Fig. 11—14, Tabelle 1, 2.

Holotypus: Das von WALLISER 1964, Taf. 31, Fig. 11, abgebildete Stück Wa 512/7 im Geol.-Paläont. Institut der Universität Marburg a. d. L.
Locus typicus: Karnische Alpen (Cellon).
Stratum typicum: Schicht 12, *amorphognathoides*-Zone, Llandovery, Silur.
Verbreitung: Karnische Alpen (Cellon: *amorphognathoides*-Zone).

Roundya lautissima HUCKRIEDE, 1958

* 1958 (*Roundya lautissima*) HUCKRIEDE 1958, S. 160, Taf. 11, Fig. 41, Taf. 13, Fig. 13, 15.

1967 (*Hibbardella lautissima*) FLÜGEL, E. 1967, S. 94, 95.

Holotypus: Das von HUCKRIEDE 1958, Taf. 13, Fig. 13, abgebildete Stück Hu 58/155 im Geol.-Paläont. Institut der Universität Marburg a. d. L.

Locus typicus: N. Kalkalpen (Feuerkogel a. Röthelstein).

Stratum typicum: Jul, Zone des *Trachyceras austriacum*, Trias.

Verbreitung: N. Kalkalpen (Saalfelden: Illyr; Krabach-Masse: Ladin; Feuerkogel: Jul; Siriuskogel: Sevat).

Roundya magnidentata TATGE, 1956

? 1956 (*Roundya magnidentata*) TATGE 1956, S. 143, Taf. 6, Fig. 12, 13.

1958 (*Roundya magnidentata*) HUCKRIEDE 1958, S. 161, Taf. 11, Fig. 20, 38, Taf. 12, Fig. 14, Taf. 14, Fig. 25.

1960 (*Roundya magnidentata*) TOLLMANN 1960, S. 74.

v. 1964 (*Roundya magnidentata*) FLÜGEL & PETAK 1964, Tabelle 2, S. 22.

v 1966 (*Roundya magnidentata*) GESSNER 1966, Tabelle 4, Taf. 8, Fig. 18, 19.

Verbreitung: N. Kalkalpen (Schiechlingshöhe: Illyr; Lärcheck: Illyr; Krabach-Masse: Illyr; Feuerkogel: Jul; Someraukogel: Hallstätter Kalk; Schneiderfallkogel: Illyr; Groß-Reifling: Ladin; Kuhkogel: Karn; Klobenwand: Karn); S. Kalkalpen (Dobratsch: Illyr).

Roundya prava HELMS, 1959

* 1959 (*Roundya prava*) HELMS 1959, S. 655, Taf. 2, Fig. 11.

v 1967 (*Roundya prava*) PÖLSLER 1967, S. 50.

Verbreitung: Karnische Alpen (Pipeline-Stollen: to V/VI).

Roundya? prima WALLISER, 1964

* 1964 (? *Roundya prima*) WALLISER 1964, S. 71, Taf. 4, Fig. 6, Taf. 31, Fig. 1, 2, Tabelle 1, 2.

Holotypus: Das von WALLISER 1964, Taf. 31, Fig. 1, abgebildete Stück Wa 1053/1, 2 im Geol.-Paläont. Institut der Universität Marburg a. d. L.

Locus typicus: Karnische Alpen (Cellon).

Stratum typicum: Schicht 1–4, Bereich I, Ordovicium.

Verbreitung: Karnische Alpen (Cellon: Bereich I).

Roundya? triassica (MÜLLER, 1956)

* 1956 (*Ellisonia triassica*) MÜLLER 1956, S. 822, Taf. 96, Fig. 12–14.

v. 1965 (*Ellisonia triassica*) FLÜGEL 1965, S. 33.

Verbreitung: S. Kalkalpen (Kühweger Köpfl: Campiler Schichten).

Roundya ? trichonodelloides WALLISER, 1964

* 1964 (? *Roundya trichonodelloides*) WALLISER 1964, S. 72, Taf. 6, Fig. 2, Taf. 31, Fig. 22 bis 25, Tabelle 1, 2.

v. 1967 (? *Roundya trichonodelloides*) FLAJS 1967a, S. 189.

1967 (? *Roundya trichonodelloides*) MOSTLER 1967, S. 296.

Holotypus: Das von WALLISER 1964, Taf. 31, Fig. 22, abgebildete Stück Wa 735/11 im Geol.-Paläont. Institut der Universität Marburg a. d. L.

Locus typicus: Karnische Alpen (Cellon).

Stratum typicum: Schicht 10 B, *celloni*-Zone, Llandovery, Silur.

Verbreitung: Karnische Alpen (Cellon: *celloni*- und *amorphognathoides*-Zone); N. Grauwackenzone (Eisenerz: *amorphognathoides*-Zone; Kitzbühler Alpen: *celloni*-Zone).

Roundya truncialata WALLISER, 1964

* 1964 (*Roundya truncialata*) WALLISER 1964, S. 72, Taf. 4, Fig. 7, Taf. 31, Fig. 3–6, Tabelle 1, 2.

v 1967 (*Roundya truncialata*) FLAJS 1967a, S. 191, 192.

Holotypus: Das von WALLISER 1964, Taf. 31, Fig. 6, abgebildete Stück Wa 504/2 im Geol.-Paläont. Institut der Universität Marburg a. d. L.

Locus typicus: Karnische Alpen (Cellon).

Stratum typicum: Schicht 4, Bereich I, Ordovicium.

Verbreitung: Karnische Alpen (Cellon: Ordovicium); N. Grauwackenzone (Eisenerz: Ordovicium).

Roundya sp. A GESSNER, 1966

v 1966 (*Roundya* sp. A) GESSNER 1966, Taf. 8, Fig. 20.

Verbreitung: N. Kalkalpen (Groß-Reifling: Reiflinger Kalke).

Roundya sp.

1959 (*Ellisonia* sp.) MÜLLER 1959, S. 91, 92.

v 1967 (*Roundya* sp.) PÖLSLER 1967, S. 41, 46, Tabelle 1.

Verbreitung: Karnische Alpen (Grüne Schneid: *Pericyclus*-Stufe; Pipeline-Stollen: tm, to).

Roundya ? n. sp. WALLISER, 1964

1964 (? *Roundya* n. sp.) WALLISER 1964, S. 73, Taf. 4, Fig. 8, Taf. 31, Fig. 7, Tabelle 1, 2.

Verbreitung: Karnische Alpen (Cellon: Bereich I).

Roundya ? cf. *Roundya* ? n. sp. WALLISER, 1964

1964 (? *Roundya* cf. ? *Roundya* n. sp.) WALLISER 1964, Tabelle 2.

Verbreitung: Karnische Alpen (Cellon: Bereich I).

Roundya ? n. sp. FLAJS, 1967

v. 1964 (? *Roundya* sp.) FLAJS 1964, S. 371.

v. 1967 (? *Roundya* n. sp.) FLAJS 1967a, S. 191, 192, 203, Taf. 3, Fig. 6, Abb. 6a, b.

Verbreitung: N. Grauwackenzone (Eisenerz: Oberes Ordovicium?).

Genus: *Scaliognathus* BRANSON & MEHL, 1941

Scaliognathus anchoralis BRANSON & MEHL, 1941

* 1941 (*Scaliognathus anchoralis*) BRANSON & MEHL 1941a, S. 102, Taf. 19, Fig. 29–32.

1957 (*Scaliognathus anchoralis*) ZIEGLER in FLÜGEL & ZIEGLER 1957, S. 32, 51, Taf. 2, Fig. 1 bis 6, Abb. 6, Tabelle 2.

1959 (*Scaliognathus anchoralis*) MÜLLER 1959, S. 91, 92.
1964 (*Scaliognathus anchoralis*) SCHULZE 1964, S. 109.
1965 (*Scaliognathus anchoralis*) SCHULZE in SCHÖNENBERG 1965, S. 31.
v 1967 (*Scaliognathus anchoralis*) KODSI 1967, S. 418, 419.

Verbreitung: Grazer Paläozoikum (Steinberg: cu II γ, Kanzel: cu II γ, *anchoralis*-Zone); Karnische Alpen (Grüne Schneid: *Pericyclus*-Stufe); Karawanken (Seeberg-Sattel: cu).

Genus: *Scaphignathus* ZIEGLER, 1960

Scaphignathus veliferus ZIEGLER, 1960

* 1960 (*Scaphignathus velifera*) ZIEGLER 1960a, S. 3, Taf. 3, Fig. 1—6.
1957 (*Spathognathodus tridentatus*) ZIEGLER in FLÜGEL & ZIEGLER 1957, Tabelle 1.
1962 (*Scaphignathus velifera*) ZIEGLER 1962, S. 35, 36.

Verbreitung: Grazer Paläozoikum (Steinberg: *veliferus*-Zone).

Genus: *Schmidtognathus* ZIEGLER, 1965

Schmidtognathus ? sp.

v ?1966 (*Polygnathus asymmetrica asymmetrica*) FLAJS 1966, Tabelle S. 225, Taf. 26, Fig. 1 bis 3 (non Fig. 4—9 = *P. asymmetricus asymmetricus*).
Verbreitung: Grazer Paläozoikum (Kanzel: to I).
Bemerkungen: Siehe *Polygnathus asymmetricus asymmetricus*.

Genus: *Scolopodus* PANDER, 1856

Scolopodus sp.

v 1966 (*Scolopodus* sp.) FLAJS 1966, S. 233, Tabelle S. 225.
v 1967 (*Scolopodus* sp.) FLAJS 1967a, S. 169.

Verbreitung: Grazer Paläozoikum (Kanzel: Givet-Stufe); N. Grauwackenzone (Eisenerz: Unter-Devon).

Scolopodus ? n. sp.

v 1966 (*Scolopodus* ? n. sp.) FLAJS 1966, S. 233, Abb. 4a, b, Tabelle S. 225.
Verbreitung: Grazer Paläozoikum (Kanzel: Givet-Stufe).

Genus: *Scutula* SANNEMANN, 1955

Scutula bipennata SANNEMANN, 1955

* 1955 (*Scutula bipennata*) SANNEMANN 1955b, S. 154, Taf. 4, Fig. 5, 8, 9.
v 1967 (*Scutula bipennata*) PÖLSLER 1967, S. 43, 50, Tabelle 1.
Verbreitung: Karnische Alpen (Pipeline-Stollen: to II, to V/VI).

Genus: *Siphonodella* BRANSON & MEHL, 1934

Siphonodella duplicata (BRANSON & MEHL, 1934)

* 1934 (*Siphonognathus duplicatus*) BRANSON & MEHL 1934b, S. 296, Taf. 24, Fig. 16, 17.
1957 (*Siphonodella duplicata*) ZIEGLER in FLÜGEL & ZIEGLER 1957, S. 52, Taf. 2, Fig. 11, 14, Tabelle 2.
1959 (*Siphonodella duplicata*) MÜLLER 1959, S. 91.

Verbreitung: Grazer Paläozoikum (Steinberg: cu II γ); Karnische Alpen (Grüne Schneid: *Pericyclus*-Stufe).

Siphonodella sp.

1959 (*Siphonodella* sp.) MÜLLER 1959, S. 91.

Verbreitung: Karnische Alpen (Grüne Schneid: *Pericyclus*-Stufe).

Genus: *Spathognathodus* BRANSON & MEHL, 1941

Spathognathodus amplus (BRANSON & MEHL, 1934)

* 1934 (*Spathodus amplus*) BRANSON & MEHL 1934a, S. 190, Taf. 17, Fig. 9.
v 1967 (*Spathognathodus amplus*) KODSI 1967, S. 418, 419.

Verbreitung: Grazer Paläozoikum (Kanzel: to III, aufgearbeitet im cu).

Spathognathodus bohlenanus HELMS, 1959

1957 (*Spathognathodus crassidentatus*) ZIEGLER in FLÜGEL & ZIEGLER 1957, S. 31, Tabelle 1 partim.
1957 (*Spathognathodus stabilis*) ZIEGLER in FLÜGEL & ZIEGLER 1957, S. 31, 32, Tabelle 1 partim.
* 1959 (*Spathognathodus bohlenanus*) HELMS 1959, S. 658, Taf. 6, Fig. 5—8.
1961 (*Spathognathodus crassidentatus*) FLÜGEL 1961, S. 64 partim.
1961 (*Spathognathodus stabilis*) FLÜGEL 1961, S. 64 partim.
1962 (*Spathognathodus bohlenanus*) ZIEGLER 1962, S. 38, 39, 106, Taf. 12, Fig. 31, 32.

Verbreitung: Grazer Paläozoikum (Steinberg: *styriacus*-Zone).

Spathognathodus celloni WALLISER, 1964

* 1964 (*Spathognathodus celloni*) WALLISER 1964, S. 73, Abb. 1b, Abb. 7b—f, Taf. 4, Fig. 13, Taf. 14, Fig. 3—16, Tabelle 1, 2.
1966 (*Spathognathodus celloni*) MOSTLER 1966a, S. 2.
1966 (*Spathognathodus celloni*) MOSTLER 1966b, S. 162, 163.
1967 (*Spathognathodus celloni*) MOSTLER 1967, S. 296.

Holotypus: Das von WALLISER 1964, Taf. 14, Fig. 5, abgebildete Stück Wa 740/11 im Geol.-Paläont. Institut der Universität Marburg a. d. L.

Locus typicus: Karnische Alpen (Cellon).

Stratum typicum: Schicht 10 J, *celloni*-Zone, Llandovery, Silur.

Verbreitung: Karnische Alpen (Cellon: *celloni*-Zone); N. Grauwackenzone (Lachtal-Grundalm: *celloni*-Zone; Kitzbühler Alpen: *celloni*-Zone).

Spathognathodus cf. *celloni* WALLISER, 1964

1964 (*Spathognathodus* cf. *celloni*) WALLISER 1964, Tabelle 2.
Verbreitung: Karnische Alpen (Cellon: *celloni*-Zone).

Spathognathodus sp., ex aff. *Sp. celloni* WALLISER, 1964

1962 (*Spathognathodus* n. sp. b) WALLISER 1962, S. 282, Abb. 1, Nr. 9.
1964 (*Spathognathodus* sp., ex aff. *Sp. celloni*) WALLISER 1964, S. 74, Taf. 14, Fig. 17
bis 18, Abb. 1a.
Verbreitung: Karnische Alpen (Cellon: *celloni*-Zone).

Spathognathodus costatus (BRANSON, E. R., 1934)

Spathognathodus costatus costatus (BRANSON, E. R., 1934),

* 1934 (*Spathodus costatus*) BRANSON, E. R. 1934, S. 303, Taf. 27, Fig. 13.
  1957 (*Spathognathodus costatus*) ZIEGLER in FLÜGEL & ZIEGLER 1957, Tabelle 1, Taf. 1,
  Fig. 15, 18, ?22.
  1962 (*Spathognathodus costatus costatus*) ZIEGLER 1962, S. 42, 107.
v. 1965 (*Spathognathodus costatus costatus*) FLAJS & PÖLSLER 1965, S. 307.

Verbreitung: Grazer Paläozoikum (Steinberg: Obere *costatus*-Zone); Karnische
Alpen (Pipeline-Stollen: *costatus*-Zone).

Spathognathodus costatus spinulicostatus (BRANSON, E. R., 1934)

* 1934 (*Spathodus spinulicostatus*) BRANSON, E. R. 1934, S. 305, Taf. 27, Fig. 19.
  1957 (*Spathognathodus spinulicostatus spinulicostatus*) ZIEGLER in FLÜGEL & ZIEGLER
  1957, S. 31, Tabelle 1, Taf. 1, Fig. 14, ?20.
v. 1965 (*Spathognathodus costatus spinulicostatus*) FLAJS & PÖLSLER 1965, S. 307.

Verbreitung: Grazer Paläozoikum (Steinberg: *costatus*-Zone); Karnische Alpen
(Pipeline-Stollen: *costatus*-Zone).

Spathognathodus costatus ultimus BISCHOFF, 1957

* 1957 (*Spathognathodus spinulicostatus ultimus*) BISCHOFF 1957, S. 57, Taf. 4, Fig. 24—26.
  1957 (*Spathognathodus spinulicostatus ultimus*) ZIEGLER in FLÜGEL & ZIEGLER 1957,
  S. 31, Tabelle 1, Taf. 1, Fig. 10, 16, 17.
Verbreitung: Grazer Paläozoikum (Steinberg: *costatus*-Zone).

Spathognathodus crispus WALLISER, 1964

* 1964 (*Spathognathodus crispus*) WALLISER 1964, S. 74, Taf. 9, Fig. 3, Taf. 21, Fig. 7—13,
  Tabelle 1, 2.
Verbreitung: Karnische Alpen (Cellon: *crispus*-Zone).

Spathognathodus inclinatus (RHODES, 1953)

Spathognathodus inclinatus hamatus WALLISER, 1964

* 1964 (*Spathognathodus inclinatus hamatus*) WALLISER 1964, S. 76, Taf. 7, Fig. 11,
  Taf. 18, Fig. 26—28, Tabelle 1, 2.
v. 1967 (*Spathognathodus inclinatus hamatus*) FLAJS 1967a, S. 197, Taf. 4, Fig. 11.
v. 1967 (*Spathognathodus inclinatus hamatus*) FLAJS 1967b, S. 127.

Holotypus: Das von Walliser 1964, Taf. 18, Fig. 26, abgebildete Stück Wa 992/1 im Geol.-Paläont. Institut der Universität Marburg a. d. L.

Locus typicus: Karnische Alpen (Cellon).

Stratum typicum: Schicht 17 B, *ploeckensis*-Zone, Ludlow, Silur.

Verbreitung: Karnische Alpen (Cellon: Untere *ploeckensis*-Zone); N. Grauwackenzone (Eisenerz: Untere *ploeckensis*-Zone).

Spathognathodus inclinatus inclinatus (Rhodes, 1953)

* 1953 (*Prioniodella inclinata*) Rhodes 1953, S. 324, Taf. 23, Fig. 233—235.

1957 (*Spathognathodus inclinatus*) Walliser 1957, Tabelle 1, S. 47.

1960 (*Spathognathodus inclinatus*) Walliser in Flügel 1960, S. 119.

1961 (*Spathognathodus inclinatus*) Walliser in Flügel 1961, S. 36.

1962 (*Spathognathodus inclinatus*) Walliser 1962, S. 283, Fig. 1, Nr. 30.

1964 (*Spathognathodus inclinatus*) Mostler 1964, S. 225.

v. 1964 (*Spathognathodus inclinatus*) Flajs 1964, S. 373.

1964 (*Spathognathodus inclinatus inclinatus*) Walliser 1964, S. 76, Taf. 10, Fig. 23, Taf. 19, Fig. 12—19, 21, Tabelle 1, 2.

1965 (*Spathognathodus inclinatus inclinatus*) Schulze in Schönenberg 1965, S. 30.

1965 (*Spathognathodus inclinatus*) Mostler 1965b, S. 38.

1966 (*Spathognathodus inclinatus*) Mostler 1966b, S. 166.

1966 (*Spathognathodus inclinatus inclinatus*) Mostler 1966c, S. 25.

v. 1966 (*Spathognathodus inclinatus inclinatus*) Flajs in Flajs & Gräf 1966, S. 172.

v 1967 (*Spathognathodus inclinatus inclinatus*) Pölsler 1967, S. 47, 48.

v. 1967 (*Spathognathodus inclinatus inclinatus*) Flajs 1967a, S. 170, 172, 173, 174, 176, 178, 179, 181, 189, 190.

v 1967 (*Spathognathodus inclinatus inclinatus*) Flajs 1967b, S. 128.

v 1967 (*Spathognathodus inclinatus inclinatus*) Skala 1967, S. 218.

Verbreitung: Karnische Alpen (Cellon: *patula*- bis *woschmidti*-Zone; Pipeline-Stollen: Ludlow bis Ems; Poludnig: Höheres Silur); Grazer Paläozoikum (Laufnitzdorf: Ludlow); Karawanken (Seeberg-Sattel: *woschmidti*-Zone); N. Grauwackenzone (Eisenerz: Ludlow; Rettenbachtal: Unter-Ems?; Schwazer Dolomit: Unter-Devon; Lachtal-Grundalm: Ludlow; Entachen-Alm: Ludlow bis Unter-Ems); Ludlowgerölle in der Kainacher Gosau.

Spathognathodus cf. *inclinatus inclinatus* (Rhodes, 1953)

1964 (*Spathognathodus* cf. *inclinatus inclinatus*) Walliser 1964, Tabelle 2.

Verbreitung: Karnische Alpen (Cellon: *patula*-Zone).

Spathognathodus aff. *inclinatus inclinatus* (Rhodes, 1953)

1964 (*Spathognathodus* aff. *inclinatus inclinatus*) Walliser 1964, Tabelle 2.

Verbreitung: Karnische Alpen (Cellon: *sagitta*-Zone).

Spathognathodus inclinatus inflatus Walliser, 1964

* 1964 (*Spathognathodus inclinatus inflatus*) Walliser 1964, S. 77, Taf. 7, Fig. 13, Taf. 19, Fig. 22—25, Taf. 20, Fig. 1—3, Tabelle 1, 2.

v. 1967 (*Spathognathodus inclinatus inflatus*) Flajs 1967a, S. 174, 190, 197, Taf. 4, Fig. 8 bis 9.

v. 1967 (*Spathognathodus inclinatus inflatus*) Flajs 1967b, S. 127.

6*

Holotypus: Das von WALLISER 1967, Taf. 20, Fig. 2, abgebildete Stück Wa 1001/3 im Geol.-Paläont. Institut der Universität Marburg a. d. L.

Locus typicus: Karnische Alpen (Cellon).

Stratum typicum: Schicht 19, Obere *ploeckensis*-Zone, Ludlow, Silur.

Verbreitung: Karnische Alpen (Cellon: Obere *ploeckensis*-Zone); N. Grauwacken-zone (Eisenerz: Obere *ploeckensis*-Zone).

Spathognathodus inclinatus posthamatus WALLISER, 1964

* 1964 (*Spathognathodus inclinatus posthamatus*) WALLISER 1964, S. 78, Taf. 7, Fig. 12, Taf. 19, Fig. 1—5, Tabelle 1, 2.

v. 1967 (*Spathognathodus inclinatus posthamatus*) FLAJS 1967a, S. 190, 197, Taf. 4, Fig.10a, b.

v. 1967 (*Spathognathodus inclinatus posthamatus*) FLAJS 1967b, S. 127.

Holotypus: Das von WALLISER 1964, Taf. 19, Fig. 2, abgebildete Stück Wa 519/3 im Geol.-Paläont. Institut der Universität Marburg a. d. L.

Locus typicus: Karnische Alpen (Cellon).

Stratum typicum: Schicht 19, *ploeckensis*-Zone, Ludlow, Silur.

Verbreitung: Karnische Alpen (Cellon: Obere *ploeckensis*-Zone); N. Grauwacken-zone (Eisenerz: Obere *ploeckensis*-Zone).

Spathognathodus inornatus (BRANSON & MEHL, 1934)

* 1934 (*Spathodus inornatus*) BRANSON & MEHL 1934a, S. 185, Taf. 17, Fig. 23.

1957 (*Spathognathodus inornatus*) ZIEGLER in FLÜGEL & ZIEGLER 1957, S. 31, 64, Tabelle 1.

1959 (*Ctenognathus inornata*) MÜLLER 1959, S. 91.

Verbreitung: Grazer Paläozoikum (Steinberg: *styriacus*- bis *costatus*-Zone); Kar-nische Alpen (Grüne Schneid: *Pericyclus*-Stufe).

Bemerkungen: Da nach ZIEGLER 1962 *Spathognathodus inornatus* in der Oberen *costatus*-Zone nur mehr vereinzelt anzutreffen ist, könnte es sich bei dem Fund von MÜL-LER 1959 in einer Kalkbank des Unter-Karbons um umgelagertes Material handeln.

Spathognathodus pennatus WALLISER, 1964

Spathognathodus pennatus angulatus WALLISER, 1964

* 1964 (*Spathognathodus pennatus angulatus*) WALLISER 1964, S. 79, Taf. 14, Fig. 19 bis 22, Abb. 1c, Tabelle 1, 2.

1966 (*Spathognathodus pennatus angulatus*) MOSTLER 1966b, S. 162.

1967 (*Spathognathodus pennatus angulatus*) MOSTLER 1967, S. 296.

Holotypus: Das von WALLISER 1964, Taf. 14, Fig. 22, abgebildete Stück Wa 735/15 im Geol.-Paläont. Institut der Universität Marburg a. d. L.

Locus typicus: Karnische Alpen (Cellon).

Stratum typicum: Schicht 10 B, *celloni*-Zone, Llandovery, Silur.

Verbreitung: Karnische Alpen (Cellon: tieferer Teil der *celloni*-Zone); N. Grau-wackenzone (Lachtal-Grundalm: *celloni*-Zone; Kitzbühler Alpen: *celloni*-Zone).

Spathognathodus pennatus pennatus WALLISER, 1964

* 1964 (*Spathognathodus pennatus pennatus*) WALLISER 1964, S. 79, Abb. 1d, Taf. 5, Fig. 6, Taf. 14, Fig. 23—26, Taf. 15, Fig. 1, Tabelle 1, 2.

1967 (*Spathognathodus pennatus pennatus*) MOSTLER 1967, S. 296.

Holotypus: Das von WALLISER 1964, Taf. 14, Fig. 26, abgebildete Stück Wa 740/ 22 im Geol.-Paläont. Institut der Universität Marburg a. d. L.

Locus typicus: Karnische Alpen (Cellon).

Stratum typicum: Schicht 10 J, *celloni*-Zone, Llandovery, Silur.

Verbreitung: Karnische Alpen (Cellon: Höhere *celloni*-Zone); N. Grauwackenzone (Kitzbühler Alpen: *celloni*-Zone).

Spathognathodus pennatus procerus WALLISER, 1964

* 1964 (*Spathognathodus pennatus procerus*) WALLISER 1964, S. 80, Abb. 1e, Taf. 15, Fig. 2—8, Tabelle 1, 2.

Holotypus: Das von WALLISER 1964, Taf. 15, Fig. 5, abgebildete Stück Wa 745/23 im Geol.-Paläont. Institut der Universität Marburg a. d. L.

Locus typicus: Karnische Alpen (Cellon).

Stratum typicum: Schicht 11 D, *amorphognathoides*-Zone, Wenlock, Silur.

Verbreitung: Karnische Alpen (Cellon: *amorphognathoides*-Zone).

Spathognathodus cf. *pennatus procerus* WALLISER, 1964

1964 (*Spathognathodus* cf. *pennatus procerus*) WALLISER 1964, Tabelle 2.

Verbreitung: Karnische Alpen (Cellon: *amorphognathoides*-Zone).

Spathognathodus pennatus subsp. indet. WALLISER, 1964

v 1967 (*Spathognathodus pennatus* subsp. indet.) FLAJS 1967, S. 179, 196.

Verbreitung: N. Grauwackenzone (Eisenerz: *amorphognathoides*-Zone).

Spathognathodus primus (BRANSON & MEHL, 1933)

* 1933 (*Spathodus primus*) BRANSON & MEHL 1933b, S. 46, Taf. 3, Fig. 25—30.

1964 (*Spathognathodus primus*) WALLISER 1964, S. 80, Abb. 8, Taf. 8, Fig. 14, Taf. 23, Fig. 1—4, Taf. 22, Fig. 13, 14, 16, 18, 20, 25, Tabelle 1, 2.

v. 1967 (*Spathognathodus primus*) FLAJS 1967a, S. 197, Taf. 5, Fig. 4.

v. 1967 (*Spathognathodus primus*) FLAJS 1967b, S. 128.

Verbreitung: Karnische Alpen (Cellon: *siluricus*-Zone bis unter-Deron); N. Grau wackenzone (Eisenerz: *siluricus*-Zone).

Spathognathodus ranuliformis WALLISER, 1964

1962 (*Spathognathodus* n. sp. a) WALLISER 1962, S. 282, Fig. 1, Nr. 6.

1963 (*Spathognathodus* n. sp. a) WALLISER in CLAR, FRITSCH, MEIXNER, PILGER & SCHÖNENBERG 1963, S. 29.

* 1964 (*Spathognathodus ranuliformis*) WALLISER 1964, S. 82, Taf. 6, Fig. 9, Taf. 22, Fig. 5—7, Tabelle 1, 2.

v. 1967 (*Spathognathodus ranuliformis*) FLAJS 1967a, S. 189, 196, Taf. 4, Fig. 1a, b.

Holotypus: Das von WALLISER 1964, Taf. 22, Fig. 5, abgebildete Stück Wa 744/10 im Geol.-Paläont. Institut der Universität Marburg a. d. L.

Locus typicus: Karnische Alpen (Cellon).

Stratum typicum: Schicht 11 C, *amorphognathoides*-Zone, Wenlock, Silur.

Verbreitung: Karnische Alpen (Cellon: *amorphognathoides*-Zone); Mittel-Kärnten (Klein St. Paul: *amorphognathoides*-Zone); N. Grauwackenzone (Eisenerz: *amorphogna-thoides*-Zone).

Spathognathodus aff. *ranuliformis* WALLISER, 1964

1964 (*Spathognathodus* aff. *ranuliformis*) WALLISER 1964, Tabelle 2.
Verbreitung: Karnische Alpen (Cellon: *celloni*-Zone).

Spathognathodus sagitta WALLISER, 1964

Spathognathodus sagitta bohemicus WALLISER, 1964

* 1964 (*Spathognathodus sagitta bohemicus*) WALLISER 1964, S. 83, Taf. 7, Fig. 4, Taf. 18,
   Fig. 23—24, Tabelle 1, 2.
1966 (*Spathognathodus sagitta bohemicus*) SCHULZE in KLEINSCHMIDT & WURM 1966,
   S. 114.
v. 1967 (*Spathognathodus sagitta bohemicus*) FLAJS 1967a, S. 180, 197, Taf. 4, Fig. 7a, b.
   Verbreitung: N. Grauwackenzone (Eisenerz: *sagitta*-Zone); Mittel-Kärnten
(Tabakfastl: *sagitta*-Zone).

Spathognathodus sagitta sagitta WALLISER, 1964

1962 (*Spathognathodus* n. sp. d) WALLISER 1962, S. 282, Fig. 1, Nr. 14.
* 1964 (*Spathognathodus sagitta sagitta*) WALLISER 1964, S. 84, Taf. 7, Fig. 5, Taf. 18,
   Fig. 7—11, Tabelle 1, 2.
v. 1967 (*Spathognathodus sagitta sagitta*) FLAJS 1967a, S. 180, 181, 197, Taf. 4, Fig. 6a, b.
   Holotypus: Das von WALLISER 1964, Taf. 18, Fig. 9, abgebildete Stück Wa 514/4
im Geol.-Paläont. Institut der Universität Marburg a. d. L.
   Locus typicus: Karnische Alpen (Cellon).
   Stratum typicum: Schicht 14, *sagitta*-Zone, Ludlow, Silur.
   Verbreitung: Karnische Alpen (Cellon: *sagitta*- bis tiefe *crassa*-Zone); N. Grau-
wackenzone (Eisenerz: *sagitta*-Zone).

Spathognathodus sagitta WALLISER, 1964 *s. l.*

? 1966 (*Spathognathodus sagitta*) MOSTLER 1966c, S. 29.
   Verbreitung: N. Grauwackenzone (Entachen-Alm: ? *sagitta*-Zone).

Spathognathodus cf. *sagitta* WALLISER, 1964

1964 (*Spathognathodus* cf. *sagitta*) WALLISER 1964, Taf. 18, Fig. 25.
Verbreitung: Karnische Alpen (Cellon: *sagitta*-Zone).

Spathognathodus sannemanni BISCHOFF & ZIEGLER, 1957

Spathognathodus sannemanni sannemanni BISCHOFF & ZIEGLER, 1957

* 1957 (*Spathognathodus sannemanni*) BISCHOFF & ZIEGLER 1957, S. 117, Taf. 19,
   Fig. 15, 19—23, 25.
v. 1966 (*Spathognathodus sannemanni sannemanni*) FLAJS 1966, S. 225, Tabelle S. 225,
   Taf. 26, Fig. 11.
   Verbreitung: Grazer Paläozoikum (Kanzel: tm/to-Grenzbereich).

Spathognathodus stabilis (BRANSON & MEHL, 1934)

* 1934 (*Spathodus stabilis*) BRANSON & MEHL 1934a, S. 188, Taf. 17, Fig. 20.
  1957 (*Spathognathodus stabilis*) ZIEGLER in FLÜGEL & ZIEGLER 1957, S. 31, 32, Tabelle 1, 2 partim.
  1957 (*Spathognathodus crassidentatus*) ZIEGLER in FLÜGEL & ZIEGLER 1957, S. 31, Tabelle 1 partim.

  1961 (*Spathognathodus stabilis*) FLÜGEL 1961, S. 64, 81 partim.
  1961 (*Spathognathodus crassidentatus*) FLÜGEL 1961, S. 64 partim.
  1962 (*Spathognathodus stabilis*) ZIEGLER 1962, S. 39.
  1967 (*Spathognathodus stabilis*) PÖLSLER 1967, S. 50.

Verbreitung: Grazer Paläozoikum (Steinberg: *styriacus*-Zone); Karnische Alpen. (Pipeline-Stollen: to V, VI).

Bemerkungen: Von ZIEGLER in FLÜGEL & ZIEGLER 1957 wird in Tabelle 2 *Spathognathodus stabilis* auch aus dem Unter-Karbon des Steinbergs angeführt. Diese Mitteilung müßte überprüft werden.

Spathognathodus steinhornensis ZIEGLER, 1956

Spathognathodus steinhornensis eosteinhornensis WALLISER, 1964

* 1964 (*Spathognathodus steinhornensis eosteinhornensis*) WALLISER 1964, S. 85, Abb. 9, Taf. 9, Fig. 15, Taf. 20, Fig. 7—16, 19—25, Tabelle 1, 2.

Holotypus: Das von WALLISER 1964, Taf. 20, Fig. 21, abgebildete Stück Wa 540/4 im Geol.-Paläont. Institut der Universität Marburg a. d. L.

Locus typicus: Karnische Alpen (Cellon).

Stratum typicum: Schicht 40, *eosteinhornensis*-Zone, Ludlow, Silur.

Verbreitung: Karnische Alpen (Cellon: *eosteinhornensis*-Zone); N. Grauwackenzone (Eisenerz: *eosteinhornensis*-Zone).

Spathognathodus cf. steinhornensis eosteinhornensis WALLISER, 1964

1964 (*Spathognathodus* cf. *steinhornensis eosteinhornensis*) WALLISER 1964, Tabelle 2.

Verbreitung: Karnische Alpen (Cellon: *eosteinhornensis*-Zone).

Spathognathodus steinhornensis remscheidensis ZIEGLER, 1956

* 1960 (*Spathognathodus remscheidensis*) ZIEGLER 1960b, S. 194, Taf. 13, Fig. 1, 2, 4, 5, 7, 8, 10, 14.
v ?1963 (*Spathognathodus remscheidensis*) FLAJS in FLAJS, FLÜGEL & HASLER 1963, S. 127.
  1964 (*Spathognathodus steinhornensis remscheidensis*) WALLISER 1964, S. 87, Taf. 20, Fig. 26—28, Taf. 21, Fig. 1—2, Tabelle 1, 2.
v. 1967 (*Spathognathodus steinhornensis remscheidensis*) FLAJS 1967a, S. 168, 169, 198.
v 1967 (*Spathognathodus steinhornensis remscheidensis*) PÖLSLER 1967, S. 47, 48.

Verbreitung: Karnische Alpen (Cellon: *woschmidti*-Zone; Pipeline-Stollen: Unter-Devon); N. Grauwackenzone (Eisenerz: Unter-Devon).

Spathognathodus cf. steinhornensis remscheidensis ZIEGLER, 1960

1964 (*Spathognathodus* cf. *steinhornensis remscheidensis*) WALLISER 1964, Tabelle 2.

Verbreitung: Karnische Alpen (Cellon: *woschmidti*-Zone).

Spathognathodus steinhornensis steinhornensis ZIEGLER 1956

* 1956 (*Spathognathodus steinhornensis*) ZIEGLER 1956, S. 104, Taf. 7, Fig. 3 — 10.
v. 1963 (*Spathognathodus steinhornensis*) FLAJS in FLAJS, FLÜGEL & HASLER 1963, S. 127.
v ?1963 (*Spathognathodus remscheidensis*) FLAJS in FLAJS, FLÜGEL & HASLER 1963, S. 127.
v. 1964 (*Spathognathodus steinhornensis*) FLAJS in FLÜGEL 1964a, S. 744.
v 1964 (*Spathognathodus steinhornensis*) FLÜGEL 1964b, S. 412, 414.
  1964 (*Spathognathodus steinhornensis*) SCHULZE 1964, S. 109.

Verbreitung: N. Grauwackenzone (Eisenerz: Unter-Devon); Winkl/Kärnten (Moränenblock: Oberes Ems); Karawanken (Seeberg-Sattel: Unter-Devon); Poßruck (Altenbachgraben: Ludlow bis Unter-Devon).

Spathognathodus sp., ex aff. *Sp. steinhornensis* ZIEGLER, 1956

  1963 (*Spathognathodus* sp., ex aff. *Sp. steinhornensis*) WALLISER in CLAR, FRITSCH, MEIXNER, PILGER & SCHÖNENBERG 1963, S. 30.

Verbreitung: Mittel-Kärnten (Klein St. Paul: Ober-Ludlow bis Ober-Ems).

Spathognathodus cf. *steinhornensis* ZIEGLER, 1956

  1962 (*Spathognathodus* cf. *steinhornensis*) WALLISER in ERBEN, FLÜGEL & WALLISER 1962, S. 74, 76.

Verbreitung: Karnische Alpen (Blockschutt der Seewarte: Unter-Ems?).

Spathognathodus steinhornensis subsp. indet. ZIEGLER, 1956

v 1967 (*Spathognathodus steinhornensis* subsp. indet. wahrscheinlich *Spath. steinh. eosteinhornensis*) FLAJS 1967a, S. 168, Taf. 5, Fig. 7, 8.
v 1967 (*Spathognathodus steinhornensis* subsp. indet.) PÖLSLER 1967, S. 48, 50.
v 1967 (*Spathognathodus steinhornensis* ssp.) SKALA 1967, S. 218, 219.

Verbreitung: Karnische Alpen (Pipeline-Stollen: Unter-Devon; Poludnig: Höheres Silur bis Unter-Devon); N. Grauwackenzone (Eisenerz: *eosteinhornensis*-Zone bis Ems).

Spathognathodus strigosus (BRANSON & MEHL, 1934)

* 1934 (*Spathodus strigosus*) BRANSON & MEHL 1934a, S. 187, Taf. 17, Fig. 17.
  1957 (*Spathognathodus strigosus*) ZIEGLER in FLÜGEL & ZIEGLER 1957, S. 31, Tabelle 1.
v 1967 (*Spathognathodus strigosus*) PÖLSLER 1967, S. 50.

Verbreitung: Grazer Paläozoikum (Steinberg: *quadrantinodosa*- bis *costatus*-Zone); Karnische Alpen (Pipeline-Stollen: *quadrantinodosa*-Zone).
Bemerkungen: Die Ausdehnung der Lebzeit der Art gegenüber den Angaben bei ZIEGLER 1962, S. 114, bedarf einer Überprüfung.

Spathognathodus stygius FLAJS, 1967

*v 1967 (*Spathognathodus stygius*) FLAJS 1967a, S. 171, 204, Taf. 5, Fig. 12 — 17, Abb. 7a bis c.
v 1967 (*Spathognathodus stygius*) PÖLSLER 1967, S. 49.

Holotypus: Das von FLAJS 1967a auf Taf. 5, Fig. 17a — c, abgebildete Stück 2337/115/1 im Geol.-Paläont. Institut der Universität Graz.
Locus typicus: Karnische Alpen (Pipeline-Stollen).
Stratum typicum: Kalk bei 1280 m ab Portal Süd; ? *eosteinhornensis*-Zone, Ludlow, Silur.

Verbreitung: Karnische Alpen (Pipeline-Stollen: ? *eosteinhornensis*-Zone); Kara-wanken (Pasterk-Felsen: ? *eosteinhornensis*-Zone); N. Grauwackenzone (Eisenerz: ? *eosteinhornensis*-Zone).

Bemerkungen: Die zeitliche Verbreitung dieser Art wurde nur auf Grund der Zusammensetzung der Begleitfauna (ohne Zonenleitformen) mit Vorbehalt als tiefe *eosteinhornensis*-Zone (?) angegeben. Nach frdl. mündlicher Mitteilung von Herrn Prof. Dr. O. H. WALLISER, Göttingen, kommt diese Art im (mittleren) Unter-Devon vor. Herr H. SCHÖNLAUB, Graz, konnte sie im Unter-Devon des Hohen Trieb (Karnische Alpen) finden (unpubl.).

Spathognathodus subrectus (HOLMES, 1928)

* 1928 (*Panderodella subrecta*) HOLMES 1928, S. 31, Taf. 10, Fig. 15.
  1957 (*Spathognathodus subrectus*) ZIEGLER in FLÜGEL & ZIEGLER 1957, S. 53, Taf. 2, Fig. 12, Tabelle 2.

Verbreitung: Grazer Paläozoikum (Steinberg: cu II γ).

Spathognathodus supremus ZIEGLER, 1962

* 1962 (*Spathognathodus supremus*) ZIEGLER 1962, S. 42, 114, Taf. 13, Fig. 20−26.

Verbreitung: Grazer Paläozoikum (Steinberg: Obere *costatus*-Zone).

Spathognathodus cf. *transitans* BISCHOFF & SANNEMANN, 1958

cf. * 1958 (*Spathognathodus transitans*) BISCHOFF & SANNEMANN 1958, S. 107, Taf. 13, Fig. 4, 5, 12, 14.
  1961 (*Spathognathodus* cf. *transitans*) WALLISER in FLÜGEL 1961, S. 36.
v 1967 (*Spathognathodus* cf. *transitans*) FLAJS 1967a, S. 169, 198.
v 1967 (*Spathognathodus* cf. *transitans*) PÖLSLER 1967, S. 49.

Verbreitung: Grazer Paläozoikum (Laufnitzdorf: Ludlow); N. Grauwackenzone (Eisenerz: Unter-Devon); Karnische Alpen (Pipeline-Stollen: Ludlow).

Spathognathodus tridentatus (BRANSON, E. R., 1934)

  1934 (*Spathodus tridentatus*) BRANSON, E. R. 1934, S. 307, Taf. 27, Fig. 26.
non 1957 (*Spathognathodus tridentatus*) ZIEGLER in FLÜGEL & ZIEGLER 1957, S. 31, Tabelle 1.
non 1961 (*Spathognathodus tridentatus*) FLÜGEL 1961, S. 64.

Bemerkungen: Die von ZIEGLER 1957 aus dem to des Steinbergs (Grazer Paläozoikum) als *Spathognathodus tridentatus* (BRANSON) (recte *Spathognathodus aculeatus* [BRANSON & MEHL 1934]) beschriebene Form wurde von ihm 1960 zu *Scaphignathus veliferus* ZIEGLER 1960 gestellt.

Spathognathodus tyrolensis MOSTLER, 1967

* 1967 (*Spathognathodus tyrolensis*) MOSTLER 1967, S. 296, 302, Taf. 1, Fig. 17, 19, 20, 23.

Holotypus: Das von MOSTLER 1967, Taf. 1, Fig. 19, 20, abgebildete Stück 8118/3 im Geol.-Paläont. Institut der Universität Innsbruck.

Locus typicus: Kitzbühler Alpen (Westendorf).

Stratum typicum: *celloni*-Zone, Llandovery, Silur.

Verbreitung: N. Grauwackenzone (Kitzbühler Alpen: *celloni*-Zone).

Spathognathodus wurmi BISCHOFF & SANNEMANN, 1958

* 1958 (*Spathognathodus wurmi*) BISCHOFF & SANNEMANN 1958, S. 108, Taf. 14, Fig. 4
    bis 10.
1964 (*Spathognathodus wurmi*) SCHULZE 1964, S. 109.
   Verbreitung: Karawanken (Seeberg-Sattel: Unter-Devon).

Spathognathodus cf. *wurmi* BISCHOFF & SANNEMANN, 1958

1961 (*Spathognathodus* cf. *wurmi*) WALLISER in FLÜGEL 1961, S. 36.
   Verbreitung: Grazer Paläozoikum (Laufnitzdorf: Ludlow).

Spathognathodus n. sp. WALLISER, 1961

1961 (*Spathognathodus* n. sp.) WALLISER in FLÜGEL 1961, S. 36.
   Verbreitung: Grazer Paläozoikum (Laufnitzdorf: Ludlow).

Spathognathodus n. sp. ? WALLISER, 1962

1962 (*Spathognathodus* n. sp.?) WALLISER in ERBEN, FLÜGEL & WALLISER 1962, S. 76.
   Verbreitung: Karnische Alpen (Blockschutt der Seewarte: Unter-Ems?).

Spathognathodus sp. a WALLISER, 1964

1964 (*Spathognathodus* sp. a) WALLISER 1964, S. 88, Taf. 23, Fig. 25, Tabelle 1.
   Verbreitung: Karnische Alpen (Cellon: Bereich I).

Spathognathodus sp. b WALLISER, 1964

1964 (*Spathognathodus* sp. b) WALLISER 1964, S. 88, Taf. 23, Fig. 26—27, Tabelle 1.
   Verbreitung: Karnische Alpen (Cellon: *celloni*-Zone).

Spathognathodus sp.

1963 (*Spathognathodus* sp.) WALLISER in CLAR, FRITSCH, MEIXNER, PILGER & SCHÖ-
    NENBERG 1963, S. 30.
1964 (Übergangsexemplar zwischen *Sp. steinhornensis eosteinhornensis* und *Sp. incli-
    natus inclinatus*) WALLISER 1964, Taf. 20, Fig. 17.
v 1965 (*Spathognathodus* sp.) FLÜGEL 1965, S. 33.
v 1967 (*Spathognathodus* sp.) FLAJS 1967a, S. 174, 176.
v 1967 (*Spathognathodus* sp.) PÖLSLER 1967, S. 41.
? 1967 (*Spathognathodus* ? sp.) PÖLSLER 1967, Tabelle 1.

   Verbreitung: Karnische Alpen (Cellon: *eosteinhornensis*-Zone; Kühweger Köpfl:
Campiler Schichten; Pipeline-Stollen: to II); Mittel-Kärnten (Klein St. Paul: Wenlock
bis to I); N. Grauwackenzone (Eisenerz: Ludlow bis Ems, to I).

Genus: *Staurognathus* BRANSON & MEHL, 1941

Staurognathus sp.

1959 (*Staurognathus* sp.) MÜLLER 1959, S. 91.
   Verbreitung: Karnische Alpen (Grüne Schneid: *Pericyclus*-Stufe).

Genus: *Synprioniodina* ULRICH & BASSLER, 1926

Synprioniodina silurica WALLISER, 1964

* 1964 (*Synprioniodina silurica*) WALLISER 1964, S. 88, Taf. 6, Fig. 12, Taf. 8, Fig. 18, Taf. 29, Fig. 38—41, Taf. 30, Fig. 1—4, 6, Tabelle 1, 2.
  1965 (*Synprioniodina silurica*) MOSTLER 1965a, S. 165.

Holotypus: Das von WALLISER 1964, Taf. 30, Fig. 1, abgebildete Stück Wa 956/7 im Geol.-Paläont. Institut der Universität Marburg a. d. L.

Locus typicus: Karnische Alpen (Cellon).

Stratum typicum: Schicht 12 D, *patula*-Zone, Wenlock, Silur.

Verbreitung: Karnische Alpen (Cellon: *celloni-* bis *eosteinhornensis*-Zone); N. Grauwackenzone (Lachtal: *amorphognathoides*-Zone).

Genus: *Trichonodella* BRANSON & MEHL, 1948

Trichonodella blanda (STAUFFER, 1940)

* 1940 (*Trichognathus blanda*) STAUFFER 1940, S. 434, Taf. 59, Fig. 61, 70.
v 1967 (*Trichonodella blanda*) PÖLSLER 1967, S. 46.

Verbreitung: Karnische Alpen (Pipeline-Stollen: to I). Nordamerika.

Trichonodella excavata (BRANSON & MEHL, 1933)

* 1933 (*Trichognathus excavatus*) BRANSON & MEHL 1933b, S. 51, Taf. 3, Fig. 35, 36.
  1957 (*Trichonodella excavata*) WALLISER 1957, S. 48, Taf. 3, Fig. 6, Tabelle 1.
  1960 (*Trichonodella excavata*) WALLISER in FLÜGEL 1960, S. 119.
. 1962 (*Trichonodella excavata*) WALLISER 1962, S. 283, Fig. 1, Nr. 20.
  1962 (*Trichonodella excavata*) WALLISER in ERBEN, FLÜGEL & WALLISER 1962, S. 76.
v. 1964 (*Trichonodella excavata*) FLAJS 1964, S. 373.
  1964 (*Trichonodella excavata*) MOSTLER 1964, S. 225.
. 1964 (*Trichonodella excavata*) WALLISER 1964, S. 89, Tabelle 1, 2.
v. 1966 (*Trichonodella excavata*) FLAJS in FLAJS & GRÄF 1966, S. 172.
  1966 (*Trichonodella excavata*) MOSTLER 1966b, S. 166, 167.
  1966 (*Trichonodella excavata*) MOSTLER 1966c, S. 25.
v 1967 (*Trichonodella excavata*) PÖLSLER 1967, S. 48, 50.
v. 1967 (*Trichonodella excavata*) FLAJS 1967a, S. 168, 169, 170, 172, 173, 174, 175, 176, 178, 179, 180, 181, 189, 190.
v. 1967 (*Trichonodella excavata*) FLAJS 1967b, S. 128.
v 1967 (*Trichonodella excavata*) SKALA 1967, S. 219.

Verbreitung: Karnische Alpen (Rauchkofel: *alticola*-Kalk; Cellon: *sagitta*-Zone bis Unter-Devon; Schutthalde der Seewarte: Unter-Ems; Poludnig: Unter-Devon; Pipeline-Stollen: Unter-Devon); Grazer Paläozoikum (Laufnitzdorf: Ludlow); N. Grauwackenzone (Schwazer Dolomit: Unter-Devon; Lachtal-Grundalm: *sagitta*-Zone; Entachen-Alm: Ludlow bis Unter-Ems; Eisenerz: Ludlow bis Unter-Devon); Ludlowgeröll in der Kainacher Gosau.

Trichonodella sp. ex aff. *Tr. excavata* (BRANSON & MEHL, 1933)

  1963 (*Trichonodella* sp., ex aff. *Tr. excavata*) WALLISER in CLAR, FRITSCH, MEIXNER, PILGER & SCHÖNENBERG 1963, S. 29.

Verbreitung: Mittel-Kärnten (Klein St. Paul: älter als Unter-Ems).

Trichonodella inconstans WALLISER, 1957

* 1957 (*Trichonodella inconstans*) WALLISER 1957, S. 50, Taf. 3, Fig. 10—17, Tabelle 1.
  1957 (*Trichonodella* cf. *inconstans*) WALLISER 1957, Tabelle 1, S. 51, Taf. 3, Fig. 18.
  1961 (*Trichonodella inconstans*) WALLISER in FLÜGEL 1961, S. 36.
  1962 (*Trichonodella inconstans*) WALLISER 1962, S. 283, Fig. 1, Nr. 21.
v. 1964 (*Trichonodella inconstans*) FLAJS in FLÜGEL 1964b, S. 412.
v. 1964 (*Trichonodella inconstans*) FLAJS 1964, S. 373.
  1964 (*Trichonodella inconstans*) WALLISER 1964, S. 90, Taf. 8, Fig. 8, Taf. 30, Fig. 10, 11, Tabelle 1.
v. 1966 (*Trichonodella inconstans*) FLAJS in FLAJS & GRÄF 1966, S. 172.
  1966 (*Trichonodella inconstans*) MOSTLER 1966b, S. 166, 167.
v. 1967 (*Trichonodella inconstans*) FLAJS 1967a, S. 170, 173, 174, 178, 179, 180, 181, 190.
v. 1967 (*Trichonodella inconstans*) FLAJS 1967b, S. 128.
v 1967 (*Trichonodella inconstans*) PÖLSLER 1967, S. 48, 49.

Holotypus: Das von WALLISER 1957, Taf. 3, Fig. 16, abgebildete Stück Wa 1957/4 im Geol.-Paläont. Institut der Universität Marburg a. d. L.

Locus typicus: Karnische Alpen (Cellon).

Stratum typicum: *siluricus*-Zone, Ludlow, Silur.

Verbreitung: Karnische Alpen (Cellon: *sagitta*-Zone bis Unter-Devon; Pipeline-Stollen: Ludlow bis Unter-Devon); Grazer Paläozoikum (Laufnitzdorf: Ludlow); Karawanken (Pasterkfelsen: Unter-Devon); N. Grauwackenzone (Lachtal-Grundalm: *sagitta*-Zone; Eisenerz: Ludlow); Ludlow-Geröll der Kainacher Gosau.

Trichonodella cf. *inconstans* WALLISER, 1957

  1964 (*Trichonodella* cf. *inconstans*) WALLISER 1964, Tabelle 2.

Verbreitung: Karnische Alpen (Cellon: *sagitta*-, *crassa*-Zone).

Trichonodella sp., ex aff. *Tr. inconstans* WALLISER, 1957

  1963 (*Trichonodella* sp., ex aff. *Tr. inconstans*) WALLISER in CLAR, FRITSCH, MEIXNER, PILGER & SCHÖNENBERG 1963, S. 29.

Verbreitung: Mittel-Kärnten (Klein St. Paul: Wenlock bis Unter-Ems).

Trichonodella symmetrica (BRANSON & MEHL, 1933)

* 1933 (*Trichognathus symmetrica*) BRANSON & MEHL 1933b, S. 50, Taf. 3, Fig. 33, 34.
  1964 (*Trichonodella symmetrica*) WALLISER 1964, S. 90, Taf. 9, Fig. 11, Taf. 31, Fig. 28 bis 30, Tabelle 1, 2.

Verbreitung: Karnische Alpen (Cellon: *crispus*-Zone bis Unter-Devon).

Trichonodella sp.

v 1967 (*Trichonodella* sp.) PÖLSLER 1967, S. 42.

Verbreitung: Karnische Alpen (Pipeline-Stollen: to I).

Genus: *Tripodellus* SANNEMANN, 1955

Tripodellus flexuosus SANNEMANN, 1955

* 1955 (*Tripodellus flexuosus*) SANNEMANN 1955b, S. 155, Taf. 4, Fig. 16a, b.
v 1967 (*Tripodellus flexuosus*) PÖLSLER 1967, S. 50.

Verbreitung: Karnische Alpen (Pipeline-Stollen: to V/VI).

gen. indet., n. sp. a

1964 (gen. indet., n. sp. a) WALLISER 1964, S. 90, Taf. 4, Fig. 21, Taf. 10, Fig. 4—7, Tabelle 1, 2.

Verbreitung: Karnische Alpen (Cellon: *celloni*-Zone).

gen. indet., n. sp. b

1964 (gen. indet., n. sp. b) WALLISER 1964, S. 91, Taf. 4, Fig. 19, Taf. 10, Fig. 10—12, Tabelle 1, 2.

Verbreitung: Karnische Alpen (Cellon: *celloni*-Zone).

gen. indet., n. sp. c

1964 (gen. indet. n. sp. c) WALLISER 1964, S. 91, Taf. 4, Fig. 4, 11, Taf. 10, Fig. 28—30, Taf. 11, Fig. 1—3, Tabelle 1, 2.

Verbreitung: Karnische Alpen (Cellon: Bereich I).

gen. indet., n. sp.

v 1967 (gen. indet., n. sp.) FLAJS 1967a, S. 191, 192, 205, Taf. 3, Fig. 2a—c, Abb. 8a, b.

Verbreitung: N. Grauwackenzone (Eisenerz: Oberes Ordovicium?).

gen. indet. sp.

v 1967 (gen. indet. sp.) FLAJS 1967a, S. 171, 206, Taf. 5, Fig. 5.

Verbreitung: N. Grauwackenzone (Eisenerz: Hohes Silur?).

gen. et sp. indet.

1957 (gen. et sp. indet.) ZIEGLER in FLÜGEL & ZIEGLER 1957, Taf. 4, Fig. 10.

1963 (gen. et sp. indet.) WALLISER in CLAR, FRITSCH, MEIXNER, PILGER & SCHÖNENBERG 1963, S. 29.

v 1966 (gen. et spec. indet.) GESSNER 1966, Taf. 8, Fig. 16.

Verbreitung: Mittel-Kärnten (Klein St. Paul: älter als Unter-Ems); N. Kalkalpen (Groß-Reifling: Ladin); Grazer Paläozoikum (Steinberg: cu II).

n. gen. et sp.

1957 (n. gen. et sp.) ZIEGLER in FLÜGEL & ZIEGLER 1957, S. 53, Taf. 1, Fig. 19, 23, Tabelle 1.

Verbreitung: Grazer Paläozoikum (Steinberg: *velifera*-Zone, *styriaca*-Zone).

Nach Abschluß der Fahnenkorrekturen konnten wir Einblick in die Arbeit von BOUCCAERT, J. & ZIEGLER, W., Conodont Stratigraphy of the Famennian Stage (Upper Devonian) in Belgium, Mém. Expl. Cartes Géol. Min. Belgique, 5, 1—30, Taf. 1—5, Brüssel 1955 nehmen. In ihr stellte W. ZIEGLER fest, daß *Palmatolepis marginata* ein jüngeres Synonym von *P. delicatula* ist. Daher müßte *P. marginata clarki P. delicatula clarki* heißen.